# ハリモグラの鼻ちょうちん

探検しよう！
サイエンスの「森」を

小林洋美──［著］

東京大学出版会

The Snot Bubble of the Echidna
Hiromi KOBAYASHI
University of Tokyo Press, 2024
ISBN 978-4-13-013317-3

# はじめに

本書は、二〇二一〜二三年の『眼科ケア』連載「モアイの白目」／『眼科グラフィック』連載「眼の目の芽」（いずれもメディカ出版）、そして、二〇二一〜二三年の『UP』連載「論文の森の「イグ！」」（東京大学出版会）を若干あるいは大幅に書き直し、刊行の時系列に並べたものです。

「おもろい」論文を探して調べて紹介するのを続けてきたら、三冊目を出版していただけた。一冊目の『モアイの白目』、二冊目の『飛ばないトカゲ』はどちらも、「タイトルから内容がわからない」という声をいただくこともあった。今回は『ハリモグラの鼻ちょうちん』で、さらによくわからないことになって申し訳ないが、仕方ない。さまざまな分野の論文が毎日星の数ほど（というのは言い過ぎだが）発表され続ける中で、私が行き当たることができる論文の数なんて、隕石に当たるくらいほんのわずかだけれど（これも言い過ぎ）、それでも続けていると、どうやったらそんなことを思いついたのか／研究しようと思えたのかさっぱりわからない、自分の思考をくすぐったり突き崩したり、世界との新しい回路を拓いてくれるような素晴らしいものにたまさか遭遇することがある。地球のどこかで誰かが思いついて書き上げた、そんな論文に出会ったときの興奮を共有させていただけたらと願いながら、というのも本当だけれど、もう少しリアルには、毎月の締め切りに焦りながら書いてきた。

本のかたちにするにあたって、二〇二一年以降の原稿を読み返していたら、当時観ていた舞台やドラマや映画のこと、読んでいた本のこと、食事をした店のこと、外出時にマスクをしていた時期のこと、夫の入院や手術のことなどが現れて、基本ラインは論文紹介なのだけれど個人的な記録にもなっていたなあと、少ししみじみしながら作業をした。


最初の『モアイの白目』のときに、自分の文章が本になる機会なんてもうなかろうということで、記念にと思って、ご迷惑を承知で友人のとり・みきさんにカバーと本文のイラストをお願いしたのだが、その後も続けて描いていただけている。お忙しい中、ありがたいやら申し訳ないやら、とりさん、いつもありがとうございます。とりさんのキャラにしていただいた自分がイラストの中で立ち回っているのは、読んできた論文の中に――思考以外の道筋で――自分が入れていただけた気がして、くすぐったいけれど晴れがましくとても嬉しい。

二冊目の『飛ばないトカゲ』では、文中に時折登場する夫に解説を書いてもらった。今回は、細馬宏通さんにお引き受けいただいた。敬愛する研究者でもあり、さすらいのミュージシャン「かえるさん」でもある細馬さんの解説で励ましていただいたように、自分が研究を始めたときにもあったような、研究の道すじでの「寄り道の楽しさ」を味わいながら、細々と書いていければと思っています。

「帯」の文章は山極寿一さんが寄せてくださった。ご著書やご講演で時折、我々の研究を取り上げてくださっていると伺ったのに甘えてお願いしたら、快くお引き受けいただき、過分なことばをいただいた。ありがとうございました。そのときはお名前を記さなかったのだが、山極さんには『モアイの白目』の中にご登場いただいている。興味のある方は探してみてください。

突然の質問にもかかわらず丁寧に教えてくださり、さらに無償で図や写真を提供してくださった研究者のみなさまに、心より感謝を申し上げます。東京大学出版会の編集者、小室まどかさんには原稿全体を細部にわたりチェックしていただいた。いつもありがとうございます。数少ない常連の登場人物で、文章を書いていると口を出したりところどころ手を加えたりもしてくる橋彌和秀（夫）、ネタを提供してくださった友人や家族にも感謝しています。

二〇二四年春

小林洋美

# 目次

装画・題字・本文イラスト　とり・みき

＊本文中に登場する動画などへのＵＲＬへは、各話タイトルページ右下のＱＲコードからアクセスできます。

2021

# 丸い目・細い目

ナスカの地上絵を眺める展望台になっていた丘の斜面にネコの地上絵が見つかった（図A）。ナスカ文化以前のパラカス文化の二〇〇〇年前の絵なのだそうで、私のような素人には「なるほどパラカス文化ね」とも「とてもパラカスには見えないな」とも申し上げる見識がなくて申し訳ないが、それは置かせていただくとして、とにかく絵がゆるい。このネコのまん丸い目は何を見ていたのか、とか、そもそもどういう表情なんだろうと想像を膨らませるのに程よいゆるさで、有名なハチドリやサルの地上絵とは一味違う雰囲気を醸し出している（描かれた時代も、このネコの絵のほうが古いらしいので、様式が違うのは当然かもしれない）。

何を今さらと思われるかもしれないが、目の開きようは覚醒状態を反映している。眠るときにはまぶたが閉じ、覚醒時（恐怖や興奮）には大きく開くが、半覚醒状態（眠たいときや落ち着いているときなど）にはまぶたも半開きになる。座禅を組むときもそうするんでしたっけ。一方で、ほほえんで穏やかな表情をたたえるときの目も少し細いが、眠いわけではない。「目を細める」行動はヒトだけでなくウマ、ウシ、ヒツジ、イヌにも見られ、コミュニケーションにおける親和的なシグナルであると考

図A　ネコの地上絵（©afpwaa/Peruvian Ministry of Culture）

えられている。ネコではどうだろう、ということでHumphrey[1]らは、二つの行動実験を行った。

実験1は一四家庭で飼われているネコ二一匹（オス一〇匹、メス一一匹）が対象。ネコが緊張しないように彼らの自宅で行った。飼い主はネコから一メートルほど離れてネコの正面に座り、ネコとアイコンタクトを取る。もし、ネコがよそ見をしていたら、名前を呼んだりしてネコと目を合わせる。その後、飼い主は、頬を上に引き上げた静かな表情表出（ほほえんだ顔）で、ゆっくりと二〜三秒ほどかけて目を閉じて開く。これをネコが立ち去るまで、あるいはネコが立ち去らなかったら二分間、繰り返す。この間のネコの顔の映像を記録した。基準として、飼い主が同じ部屋にいるがネコの正面にはいないときのネコの

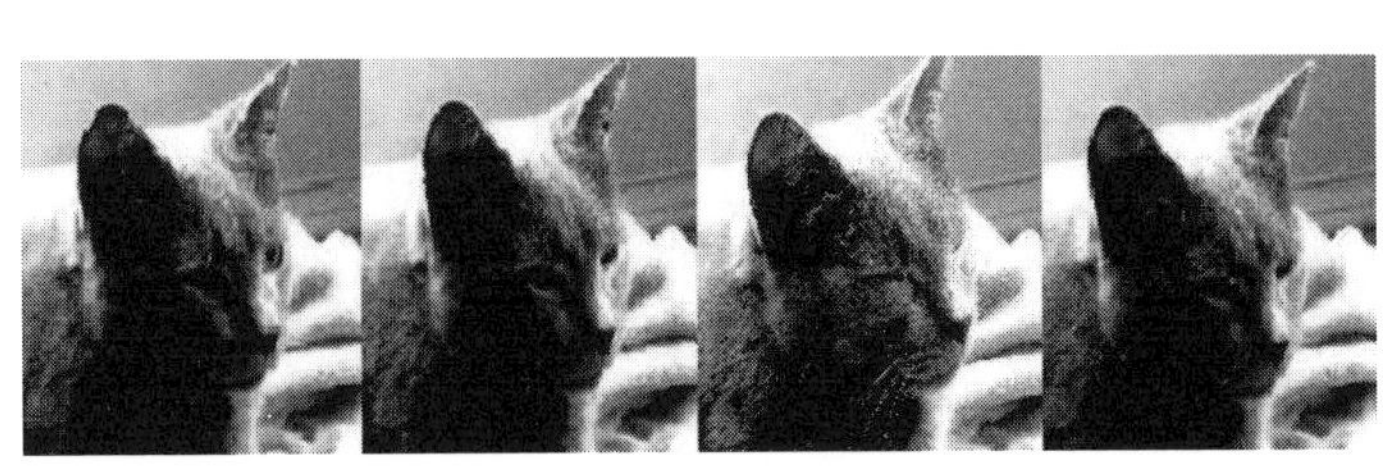

図B　ゆっくりしたまばたきから目を細めるシークエンス[1]
顕著な表情表出のない顔（左端）から始まり、半分目を閉じ、すべて閉じたのち、目を細めた表出（右端）に移行した

顔の映像も記録した（図B）。この結果、飼い主がゆっくりとまばたきを繰り返したときに、基準のときよりもネコは目を細めることが多かったのだ（図B右端）。

ネコの目を細める行動は、相手が飼い主だから現れたのだろうか。そこで実験2では実験者が、実験1には参加していない、新たに募集したネコ二四匹（オス一二匹、メス一二匹）で行った。実験者はネコの前に座り、実験1と同様に、ネコとアイコンタクトを取る。その後、ゆっくりとまばたきを一分間繰り返して実験終了。比較のためにまばたきをせず、ネコを直視せずにネコの前に一分間座った。その結果、実験者がまばたきをしたときのほうがしなかったときよりも、ネコは目を細めることが多く、近寄ることも多かったのである。ネコに関する本やウェブサイトにはしばしば、「目を細め、あるいはゆっくりまばたきをしながら近づくとネコの緊張をほぐす効果がある」と書かれているが、Humphreyら[1]の実験はこの経験則をデータで裏づけたと言える。

うちの夫は「でもこの研究、ヒトのまぶたの開閉パターンとネコの細目との相関は示したけど、たとえば〝ネコの前でゆっくり手を振る〟じゃだめなのかとか、細目がほんとうにヒトに向けられたシグナルとして機能しているのかとか、〝経験則通りだね〟ってことになる前にまだまだ調べることがあるんじゃないの？」と、ネコ好きの方々を向こうに回しかねないようなことを言っているが、この人は経験則を尊重しないわけではないし、ネコだけでなく単に世の中のあらゆるものに対してそういう態度なので大目に見てやっていただきたい。たしかにそのあたりは今後の課題だろう。催眠術にかかったわけでもなし、眠くなったわけでもないのに「目を細める」という、半覚醒状態のような行動パターンが、ヒトやネコも含め、幅広い種でコミュニケーションのシグナルとして機能するとすれば、このシグナルはどうやって進化したのだろうか。


引用文献

（1） Humphrey, T. *et al.* (2020). The role of cat eye narrowing movements in cat-human communication. *Scientific Reports, 10,* 16503. doi: 10.1038/s41598-020-73426-0

# 目の大きさと環境

わが家の照明は全搬に暗い。近所のおばあちゃんたちが何人かで遊びにいらしたとき、「しわが見えんで、みんなきれいに見えるっちゃ、あんたきれいかあ〜」と互いに言い合ってはしゃいでいた。暗い部屋では視覚精度が落ちるので、顔の細部が見えなくなる。暗いと言えば、初めて日本に来たフランス人カメラマンの、うちでの第一声は「TANIZAKI……」だった。谷崎潤一郎の『陰翳礼讃』を読んだことがあって、うちの暗さが谷崎的に見えたようで喜んでいたが、その割にはカメラを持ってきていなかった（カメラマンなのに！）。

動物の各分類群内では体重と目の大きさは相関すると言われている。Auspreyら[1]はペルーの森に生息している二四〇種の鳥の体重と目の横幅を調べた。その結果が図である。黒丸は三二種のハチドリの、白丸はハチドリ以外の二〇八種（夜行性種と猛禽類は除いた）の結果だ。点線と直線は、それぞれ黒丸と白丸の回帰直線（y軸方向の点と線の距離が最小になるように描いた直線）である。つまり、点線はペルーの森のハチドリの体重と目の関係を最もシンプルに表した直線と言えるだろう。この回帰直線を使うと、たとえば、ハチドリの新種Xが見つかり、その体重が一〇グラムだったとき、図の矢印

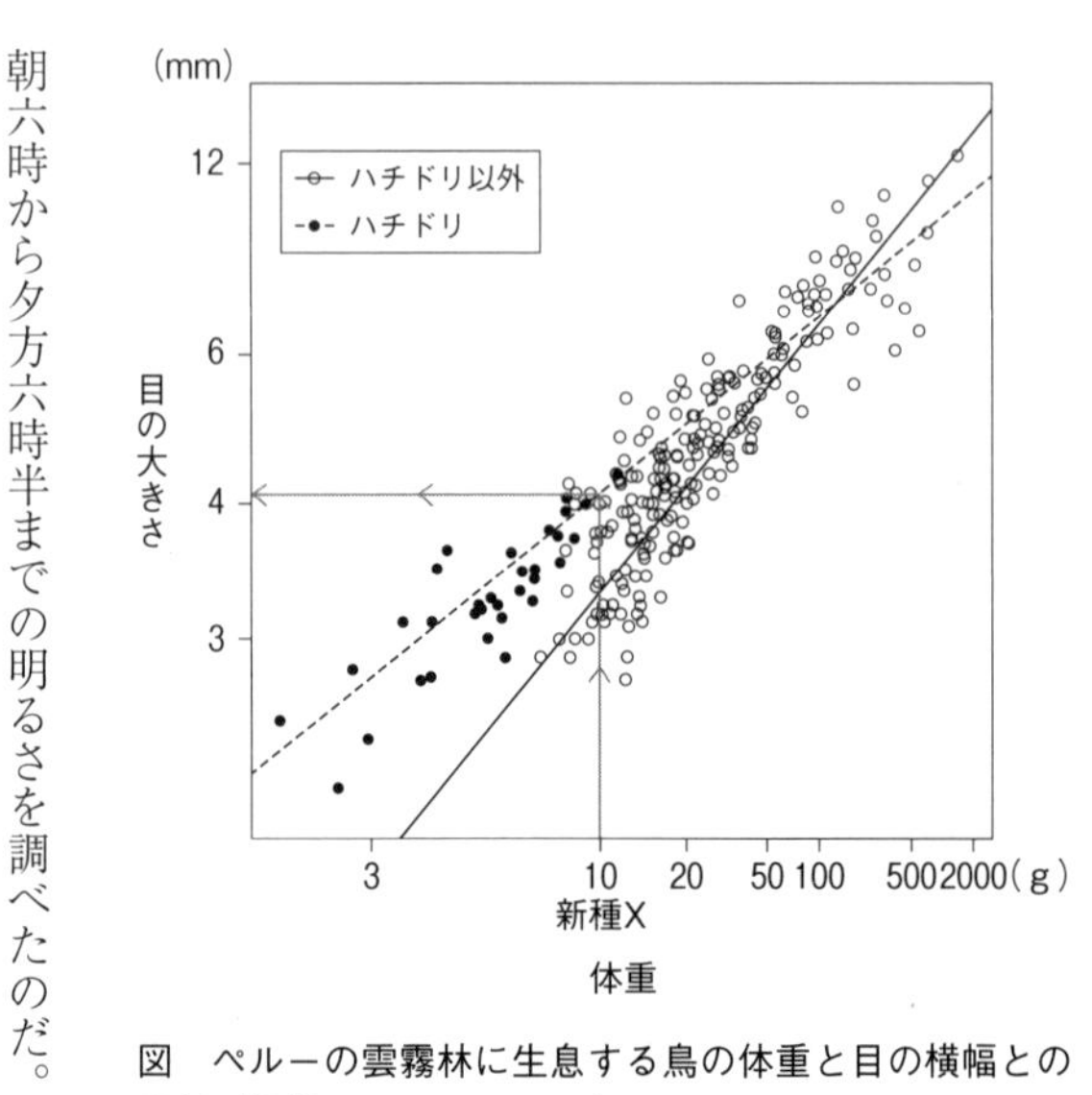


図　ペルーの雲霧林に生息する鳥の体重と目の横幅との関係（提供：Ian J. Ausprey）

をたどれば、新種Xの目の大きさは約四ミリと予測できるのだ。図の点と線の関係をよく見ると、黒丸や白丸はそれぞれの回帰直線近くにあるものもあるが、遠いものもある。回帰直線よりも点が上にあれば、その仲間の中で目が大きい種であり、下にあれば目が小さい種と考えられる。そこで、Ausprey ら[1]はこの図から導かれた目の大きさが生息環境の明るさと関係があるのではないかと、一五種七一個体の背中に光センサーを取り付け（センサーの重さに耐えられるぐらい体が大きく、センサーを壊すような攻撃的な行動をしない留鳥が選ばれた）、それぞれの鳥が生活している環境の

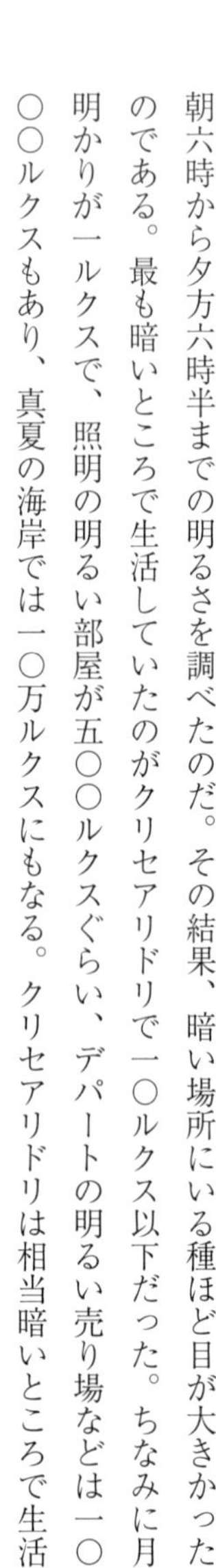

朝六時から夕方六時半までの明るさを調べたのだ。その結果、暗い場所にいる種ほど目が大きかったのである。最も暗いところで生活していたのがクリセアリドリで一〇ルクス以下だった。ちなみに月明かりが一ルクスで、照明の明るい部屋が五〇〇ルクスぐらい、デパートの明るい売り場などは一〇〇〇ルクスもあり、真夏の海岸では一〇万ルクスにもなる。クリセアリドリは相当暗いところで生活

していて、その目は大きいのだった。逆に最も明るいところにいたのはズアオフウキンチョウの八〇〇〇ルクス以上で、ズアオフウキンチョウの目は小さいのだった。それにしても八〇〇〇ルクスとは、ものすごく明るい。森の地面に近いほうと空に近いほうとではずいぶんと明るさが異なるようで、それぞれに適した目の大きさの鳥たちが生活しているようだ。

大きい目は光受容体の情報を伝達する神経節細胞が豊富にあることで、小さい目よりも遠くの餌を精度よく見ることができるだろうとAusprey[1]らは考え、餌の種類と目の大きさも調べた。すると、空中で虫を捕えて食べる種（たとえばタイランチョウ）のほうが、地面で餌を収集する種や木の実を食べる種（たとえばカマドドリ）よりも、目が大きかったのだ。

ペルーの森の近くにはヒトが切り開いた農地がたくさんある。農地は太陽が照りつけて非常に明るいので、圧倒的に目の小さい鳥が農地には多いのだそうだ。目の大きい鳥は光に対する感受性が高すぎるため、農地のような場所は明るすぎていられないという。暗い我が家にだったら、目の大きい鳥が暮らせるかもしれない。

## 引用文献

（1） Ausprey, I. J. *et al.* (2021). Adaptations to light predict the foraging niche and disassembly of avian communities in tropical countrysides. *Ecology, 102(1)*, e03213. doi: 10.1002/ecy.3213

# 目を見張る

小学生の頃、体育の授業でソフトボールをしたことがある。空振りばかりしていたら、「ちゃんと目を開けてボールを見なさい」と先生に注意されて驚いた。そう言われるまで目を閉じていたなんて思ってもみなかったからだ。きっと怖くて目を閉じていたのだろうが、バットにボールを命中させるためには目を開けて見続ける、そんな大事なこともわからなかった。

パイロットは飛行中や着陸時にまばたきをあまりしないという。[1] 周囲をしっかり見ていないといけないからだが、だったら鳥たちはどうなのだろうとYorzinski[1]は考えた。アメリカ合衆国テキサス州で野生のオナガクロムクドリモドキを捕獲し、図のような装置でまばたきを撮影した。鳥は左右の目を同時に閉じたり開いたりしないので、左右の目を別々のカメラで撮影しなくてはならなかったそうだ。さらに鳥はまぶた以外に、眼球とまぶたの間に瞬膜がある。まぶたは上下に閉じるが、瞬膜は水平方向（目頭から目尻）に閉じる。オナガクロムクドリモドキの瞬膜は不透明の膜だ（図右）。鳥はまぶたと瞬膜をどのように使い分けているのか、Yorzinskiさんに聞いたら、オナガクロムクドリモドキがまぶたを閉じるのは眠るときのような長く目を閉じる場合で、一瞬のまばたきのときには瞬膜を

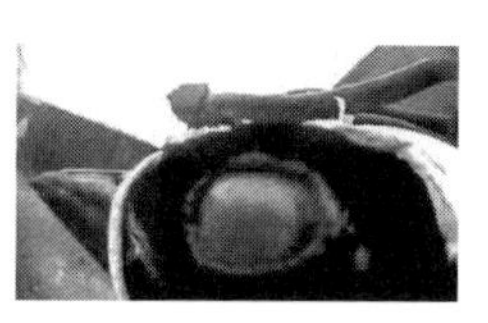

図　カメラ装着時のオナガクロムクドリモドキ（左）の開眼時（中）、瞬膜を閉じたとき（左）（提供：Jessica L. Yorzinski）

使うという。もしかして、それで「瞬」膜というのだろうか。瞬膜を閉じることで、角膜をほこりなどから保護し、ほこりを取り除き、乾燥しないように目に潤いを与える。たとえばキツツキは木をつつくごとに、その直前に瞬膜を閉じる[2]。瞬膜を閉じることで、木くずから目を守るとともに、まるでシートベルトのように眼球を固定して打撃の振動からも守っているのではないかと言われている[2]。瞬膜って便利そうだなあと思うのだが、どうしてヒトにはなくなってしまったのだろう。謎だ。

調査は曇った風のない日に行った。カメラ装着後のオナガクロムクドリモドキを屋外の調査小屋に放す。調査小屋に慣れるまで五分間待ってから、実験者が追いかけるのだ。オナガクロムクドリモドキは逃げ、そして飛ぶ。装置に耐えられる体の大きいオスのオナガクロムクドリモドキ一〇羽に四回ずつ飛んでもらい、そのときの瞬膜の動きを記録した。さらに、新たに六羽のオスのオナガクロムクドリモドキで、彼らが自発的に飛ぶのを待ち、調査小屋に実験者はいるが追いかけない場合の瞬膜の動きも調べた。「飛翔中」の定義を、地面から足が離れた瞬間から地面に足が着く瞬間までとし、飛翔前・飛翔中・飛翔後の三つのブロックに分けた。さらに地面から足が離れてから〇・三三秒間を「離陸」、地面に足が着く前の〇・三三秒間を「着陸」とし、地面に足が着く瞬間の〇・一秒間を「インパクト」とした。その結果、飛翔前と飛翔後では瞬膜を閉じて開けるまでの時間（まばたきの長さ——最大で飛翔前〇・三七、飛翔後〇・六三秒）や回数に差は見られなかったが、飛翔中はまばたきの長さの最大が〇・一秒と飛翔前、飛翔後よりも有意に短く、回数も少なかったのだ。また、離陸時と着陸時は瞬膜を閉じることがほとんどなく、閉じたとしてもまばたきの長さは短かった（離陸時最大で〇・〇六七秒、着陸時最大で〇・〇二三秒）。飛翔中や離着陸時に、目を見張って周りを見なくてはならないのは、ヒトもオナガクロムクドリモドキも同じだったのだ。ところで、地面に足を着く瞬間の「インパクト」時には瞬膜を閉じていた。地面との接触によって舞うほこりから目を保護しているのかもしれないし、飛翔中に目を開け続けているので閉じるのかもしれないという。ちなみに実験者が追いかけたときと自然に飛んだときとに差はなかったそうだ。

目を閉じると、外界への視覚的なアクセスが閉ざされてしまう。とはいえ、目を開け続けることはできない。生物は目を開くときと閉じるときのバランスを上手に取らなくてはならないのだな、と改めて思った。


引用文献

（1） Yorzinski, J. L. (2020). A songbird inhibits blinking behaviour in flight. *Biology Letters, 16(12)*. doi: 10.1098/rsbl.2020.0786

（2） Wygnanski-Jaffe, T. *et al.* (2007). Protective ocular mechanisms in woodpeckers. *Eye, 21(1)*, 83-89.

# 仁左衛門はピカピカに光って

八年前（二〇一三年）の五月、新装なった歌舞伎座のこけら落とし公演で「廓文章　吉田屋」を観ていた。片岡仁左衛門丈演じる伊左衛門が編笠をかぶり、みすぼらしい紙衣を着て登場する。恋しい夕霧太夫（坂東玉三郎丈）に会おうと久しぶりに吉田屋にやってきたのだが、あまりにも貧相な出で立ちのため、店の者すら伊左衛門だと気づかない。ところが編笠を取り、伊左衛門が満面の笑みで扇子を広げた瞬間、舞台がふわっと明るくなったのだ。ほんの一瞬の出来事だった。横で観ていた夫も同じことを言ったので照明の演出かと思って、後日、ＤＶＤで同じ場面の映像を確認したが、スポットライトなどは使われていなかったように思えた。あの一瞬、私の瞳孔は収縮していたのかもしれない。しかし次の瞬間、「きゃーっ！　松嶋屋〜！」と心の中で叫んでいたので（当時は「大向こう禁止」ではなかったので本当に叫んでもよかったのだけど）、興奮した私の瞳孔は拡大していたかもしれない。

以前に紹介した（「夕暮れ、猫の目はかわいい」『モアイの白目』一〇〇ページ）六〇年前の Hess の研究[1]、「男性は魅力的な女性を、女性は魅力的な男性を見ると瞳孔が拡大する」というお馴染みの知見も、最近発表された Liao らの論文[2]によれば、刺激呈示直後から二秒以内は「瞳孔が収縮する」という。

二秒を過ぎると、図の③刺激顔（線画）のときには瞳孔の拡大が観察されたそうだ。Liaoらが使用した実験装置も刺激もHessのものとはずいぶん違う。Hessは写真を呈示してから一〇秒間の参加者の瞳孔を、〇・五秒ごとに写真を撮り、それらを平均していたが、Liaoらは刺激呈示から時々刻々と変化する瞳孔径を一〇〇〇ヘルツのサンプリングレートで（つまり一秒間に一〇〇〇回も！）測定している。そもそも瞳孔の大きさは周囲の明るさによって変化してしまうので、刺激呈示前から刺激呈示時までの明るさを一定にしなくてはならない。Hessは当時のできる限りで刺激呈示前と刺激呈示時の明るさが変化しないように注意を払っていたようだが、Liaoらは、図の刺激呈示前の灰色画面と刺激画面の平均輝度を物理的に統一し、さらに顔の中心部の明るさの要因を排除した分析を行った。

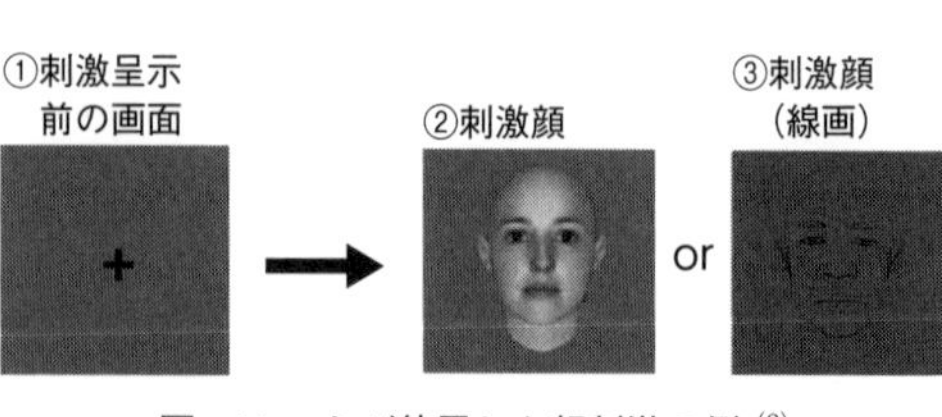


図　Liaoらが使用した顔刺激の例[(2)]

Hessの結果は、「魅力的なものに興奮し、よく見ようとするから瞳孔が拡大する」と理解しやすかった。さらに、同じ女性の顔写真でも、瞳孔が拡大しているとより魅力的に見えるという結果も示したので、瞳孔が拡大すると魅力的な顔になり、それを見ているヒトの瞳孔も拡大するので、互いに瞳孔が拡大し合う。なるほどうまくできているものだと誰もが納得したのだ。これを覆すのは相当大変だったろうが、Liaoらは実験精度を高め、粘り強く実験を重ねることで、「刺激呈示直後には瞳孔が収縮する」ことを示した。さらに、図の刺激顔の背景を黒色にすることで、刺激呈示前の画面より刺激画面を暗くし、その輝度変化で参加者の瞳孔を収縮させたところ、参加者は同じ顔を呈示されたにもかかわらず、刺激顔の背景が灰色のときよりも魅力的だと評価したのだ。つまり、魅力的な顔を見ると瞳孔が収縮するが、自身の瞳孔が収縮することで、見ている顔をより魅力的だと判断してしまうという、「瞳孔収縮⇕魅力」のループが生じると Liao らは考えている。

小学生の頃、「教科書は絶対だ」と思っていた。ところが、新たな化石が発掘され、新たに古文書が解析され、最新鋭の装置で精度の高い実験が行われると、それまで定説のように考えられていた事柄が覆る。もちろん、当時の研究がいい加減だったわけではない。真摯な研究者たちは何度も実験をして何度も分析して何度も考えて研究結果を発表する。それは今も昔も変わらないだろう。学生の頃、間違った結果を発表したら研究者生命は終わると先生に言われたとき、ゾッとした。あの感覚は今も忘れられない。研究者は論文で絶対を追い求めてはいるが、どんなに精査した研究でも、後に覆ることがあるのだ。そうやって科学はどんどん進んでいく。


### 引用文献

（1） Hess, E. H. *et al.*（1960）. Pupil size as related to interest value of visual stimuli. *Science, 132*, 349–350.

（2） Liao, H.-I. *et al.*（2020）. Attractiveness in the eyes: A possibility of positive loop between transient pupil constriction and facial attraction. *Journal of Cognitive Neuroscience, 33*(2), 315–340.

# 小さい瞳孔には近づくな

オウゴンフウチョウモドキ（*Sericulus ardens*）という鳥のオスは、輝くような夕焼け色をしている。頭部のオレンジ色の羽毛の中で際立つ黄色い虹彩、さらに黄色い虹彩の中で目立つ黒い瞳孔を、小さくしたり大きくしたりして求愛行動（動画――https://www.youtube.com/watch?v=1XkPeN3AWIE）が始まる。こんな動きをする瞳孔を初めて見たが、まずはこれでメスを引きつけるのだという。この鳥の瞳孔の大きさが変化するしくみはまだわかっていないようだが、彼らは自由自在に瞳孔の大きさを変化させることができるのだろうか。

Brambilla ら[1]は男女各六人の目部分の写真を用意した。目の内部の白目・虹彩・瞳孔をいったん削除し、全員の目に同じ白目・虹彩・瞳孔（大／小）を描き入れた。一人の目に対して、小さい瞳孔と大きい瞳孔の画像を作成した（図）ので、一二人で合計二四枚になる。さらに左目の下に黄色あるいは紫色の四角が描かれ（図）、これで合計四八枚になった。これらを一枚ずつ参加者に呈示するのだ。参加者は手でジョイスティック（ゲーム機のコントローラーなどにある、前後に動かせる棒）を握り、四角が黄色のときにジョイスティックを手前に引き、紫色のときには奥に押すように、とだけ言われる。

①瞳孔小さい

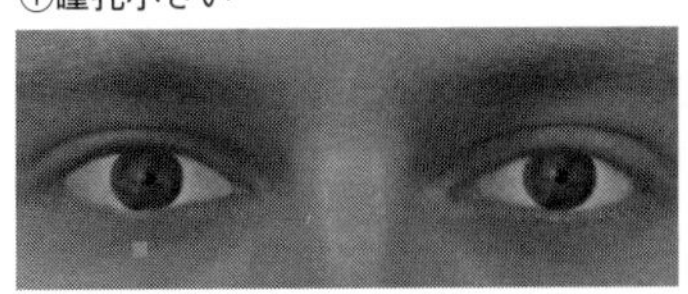

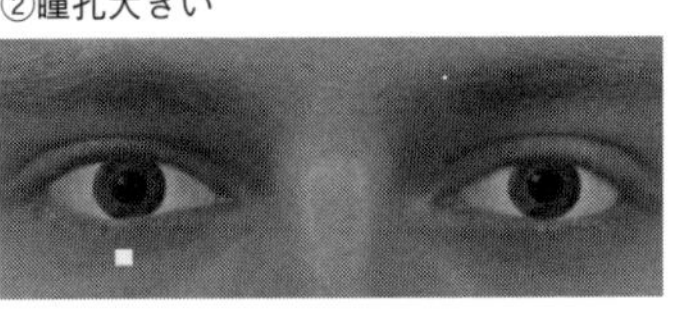

図　Brambilla ら[1]の実験に使用された刺激の一例（提供：Marco Brambilla）

目に関しては何も言われない。四八枚が終わると、今度は先ほどとは逆に、黄色のときにジョイスティックを奥に押し、紫色のときには手前に引くようにと言われ、最初と同じ写真が再び一枚ずつ呈示された。参加者は計九六回ジョイスティックを動かしたことになる。

ジョイスティックを奥に押すと、画面の目は徐々に小さくなって消え、ジョイスティックを手前に引くと、画面の目は徐々に大きくなって、二倍の大きさになったところで消える。目が「遠ざかる／接近する」しくみによって、参加者は遠ざけたい目のときにジョイスティックをうっかり奥に押してしまい、逆に接近したい目のときにうっかり手前に引いてしまうかもしれない。Brambillaら[1]は参加者がうっかり間違えてジョイスティックを動かしてしまう、その間違えをとらえるしくみを作ったのである。実験の結果、ジョイスティックの動かす方向を間違えた割合は全体の一一パーセントだった。どのように間違えたかを詳しく調べたところ、手前に引かなくてはならないときに「奥に押してしまった間違い」は、瞳孔が大きいときよりも小さいときに多く、奥に押さなくてはならないときに「手前に引いてしまった間違い」は、瞳孔が小さいときよりも大きいときに多かったのである。

瞳孔が大きいとジョイスティックをつい手前に引いてしまい、瞳孔が小さいとつい奥に押してしまうことから、瞳孔の小さい目を回避し、瞳孔の大きい目に接近する傾向がヒトにはあるらしいとBrambillaら[1]は考えている。この傾向はいつ頃から見られるのだろう。Haynesら[2]は一歳二カ月の乳児に、図のような二枚の目の写真を左右に並べて呈示した。すると、乳児は瞳孔の大きい目を小さい目よりも長い時間見たのだ。乳児が瞳孔の小さい目よりも大きい目のほうをより長く眺め、大人は瞳孔の小さい目を回避して大きい目に接近する傾向から、瞳孔の大きい目はポジティブな何かを、瞳孔の小さい目はネガティブな何かを表出しているのではないかと考えられるだろう。

ヒトはオウゴンフウチョウモドキのオスのように瞳孔の大きさを変化させることはできないので、ヒトの瞳孔の大きさは嘘をつけないシグナルと言える。瞳孔の大きさで、その持ち主の情動状態を無意識に判断し、接近／回避をしてしまうのかもしれない。

#### 引用文献

（1） Brambilla, M. *et al.* (2019). Looking into your eyes: Observed pupil size influences approach-avoidance responses. *Cognition and Emotion, 33(3)*, 616–622.
（2） Haynes, K. T. *et al.* (2021). Probing infants' sensitivity to pupil size when viewing eyes. *Infancy, 26(2)*, 291–302.

# 使徒の目からビーム

このところ頭の中で「VOYAGER～日付のない墓標」が流れている。「シン・エヴァンゲリオン劇場版」（庵野秀明総監督、二〇二一年）を見てきたのだ。「エヴァ」を初めて見たのはテレビアニメの「新世紀エヴァンゲリオン」だったが、そのときの衝撃は二六年たった今でも忘れられない。第一話で唐突に登場した第三使徒サキエルにすっかりやられてしまったのだ。サキエルは手足のある人っぽい体に「もののけ姫」のコダマのような顔が胸のあたりにあり、ちょっとかわいいかもしれないと思わされてしまう憎みきれない形状と得体の知れなさ加減、何が始まったのかさっぱりわからない感の「エヴァ」というものに、当時の私も周りの友人たちもみな引き込まれた。大学の院生室にはテレビ映像を録画したHi８（ハイエイト：当時のビデオの規格）が並んでいて、ある先輩は「エヴァ」について書いた文章がアニメ関係の雑誌に採用され、「研究論文がジャーナルに載るよりうれしい！」とはしゃいでいたのを思い出す。その彼も今では都内の大学の副学長なのだから、年月とは不思議なものだ。

第三使徒サキエルは、攻撃されると、胸のあたりにもう一つ顔が出現して、その目からは強力な光線が発射される。サキエルは目からビームが出るのだ。ヒトは第一八使徒かもしれないそうだが、目

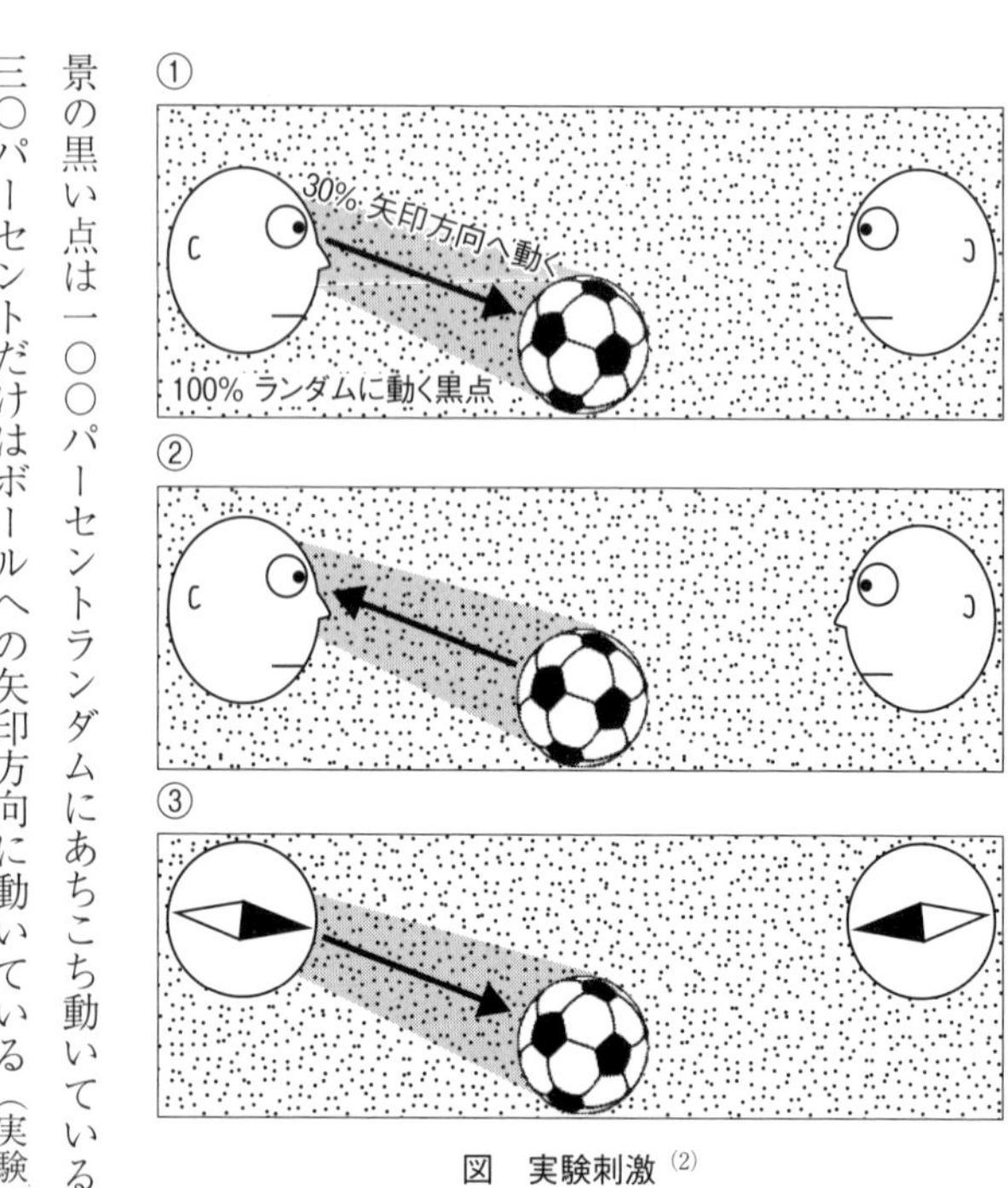


図　実験刺激[2]

からビームは出ない。それはとても残念だけれども、ビームが出ていると無意識に知覚してしまう傾向がヒトにはある。それを示したGuterstamらの研究[1]を以前に紹介した（「目からビーム」『飛ばないトカゲ』一四〇ページ）が、今回は新たに発表された彼らの「目からビーム」実験[2]だ。

図①を見ると中央にサッカーボール、その左右に横顔が描かれている。横顔は同一の画像を反転させているので、まったく同じ顔だそうだ。背景の黒い点は一〇〇パーセントランダムにあちこち動いているのだが、網かけの範囲にある黒い点の三〇パーセントだけはボールへの矢印方向に動いている（実験では網かけや矢印はない）。三〇パーセントの黒い点の動きは、この映像を見ても気づかない程度の動き（閾値下）だが、それでも参加者六五七人中七人は気づいたそうだ。気がついた七人の結果は分析から除外された。

さて、この映像を眺めている参加者に、「ボールにより注意を向けているのはどちらの人？」と尋ねる。すると、図①のときに「左の人」を選ぶほうが「右の人」を選ぶよりも有意に多かったのである。ところが、三〇パーセントの黒い点の動きがない場合、つまりすべての黒い点がランダムに動いているときは、ボールにより注意を向けている人の選択に偏りは見られなかった。そこで、網かけの範囲にある黒い点の三〇パーセントだけがボールへの矢印方向に動いているときに、「先にボールに手を伸ばそうとしているのはどちらの人ですか？」と尋ねたり、図②のように三〇パーセントの黒い点の動きを図①とは逆方向にしたりすると、左右の選択に偏りは見られなかったのだ。さらに、図③のように、横顔をコンパスにして、網かけの範囲にある黒い点の三〇パーセントだけをボールへの矢印方向に動かし、「ボールを指しているのはどちらのコンパスですか？」と聞いたところ、コンパスの選択に偏りは見られなかったという。つまり、人の注意が向いているかどうかの質問のときにだけ、ランダムドットの動きが無意識に知覚され、さらにそれを手がかりとして「ボールを見ている人」と判断したようなのだ。

目からビームが出ているとすれば目からボールへの方向に出ていなくてはならないし、コンパスからはビームは出ないとヒトは無意識に知覚している。そんな生き物はヒトだけだろうか。それなら赤ちゃんはどうなのだろう。お母さんの目からビームが出ているかのように知覚しているのだろうか。

## 引用文献

（1） Guterstam, A. *et al.* (2019). Implicit model of other people's visual attention as an invisible, force-carrying beam projecting from the eyes. *Proceedings of the National Academy of Sciences of the United States of America, 116(1)*, 328-333.

（2） Guterstam, A. *et al.* (2020). Visual motion assists in social cognition. *Proceedings of the National Academy of Sciences of the United States of America, 117(50)*, 32165-32168.

# アイコンタクトで時間がゆがむ

熱中して本を読んでいると、いつの間にか窓の外が暗くなっていることがある。「もうこんな時間か」と慌てて夕飯の用意を始めるが、本に限らず映画やテレビドラマでもおもしろいときは時間があっという間に過ぎていく。最近なら、テレビドラマ「コントが始まる」（金子茂樹脚本）がそうだった。逆に学生の頃、興味のない授業はとてつもなく長く思えてつらかったものだ。もうすぐ終わりかなと腕時計を見ては、直前に見たときから一〇分も経っていなくて、そのたびに脱力していた。それにしても、時間を長く感じたり短く感じたりするのはなぜなのだろう。

Burraら(1)の実験では、参加者は最初に二つの時間（九八五ミリ秒と一四七九ミリ秒）の区別を練習する。黒い画面に白色の十字模様が現れたら、その十字を見て、十字が消えて長方形が現れたら、その長方形が呈示されていた時間の長さを覚えておく。長方形が呈示される時間が九八五ミリ秒、あるいは一四七九ミリ秒で、参加者はこれらの時間の長さを「短い（九八五ミリ秒）」時間と「長い（一四七九ミリ秒）」時間として区別し、短いときには「1」、長いときには「2」のキーを押さなくてはならない。これを何度も繰り返して、正解率が八〇パーセントになったら、図のような実験に進む。

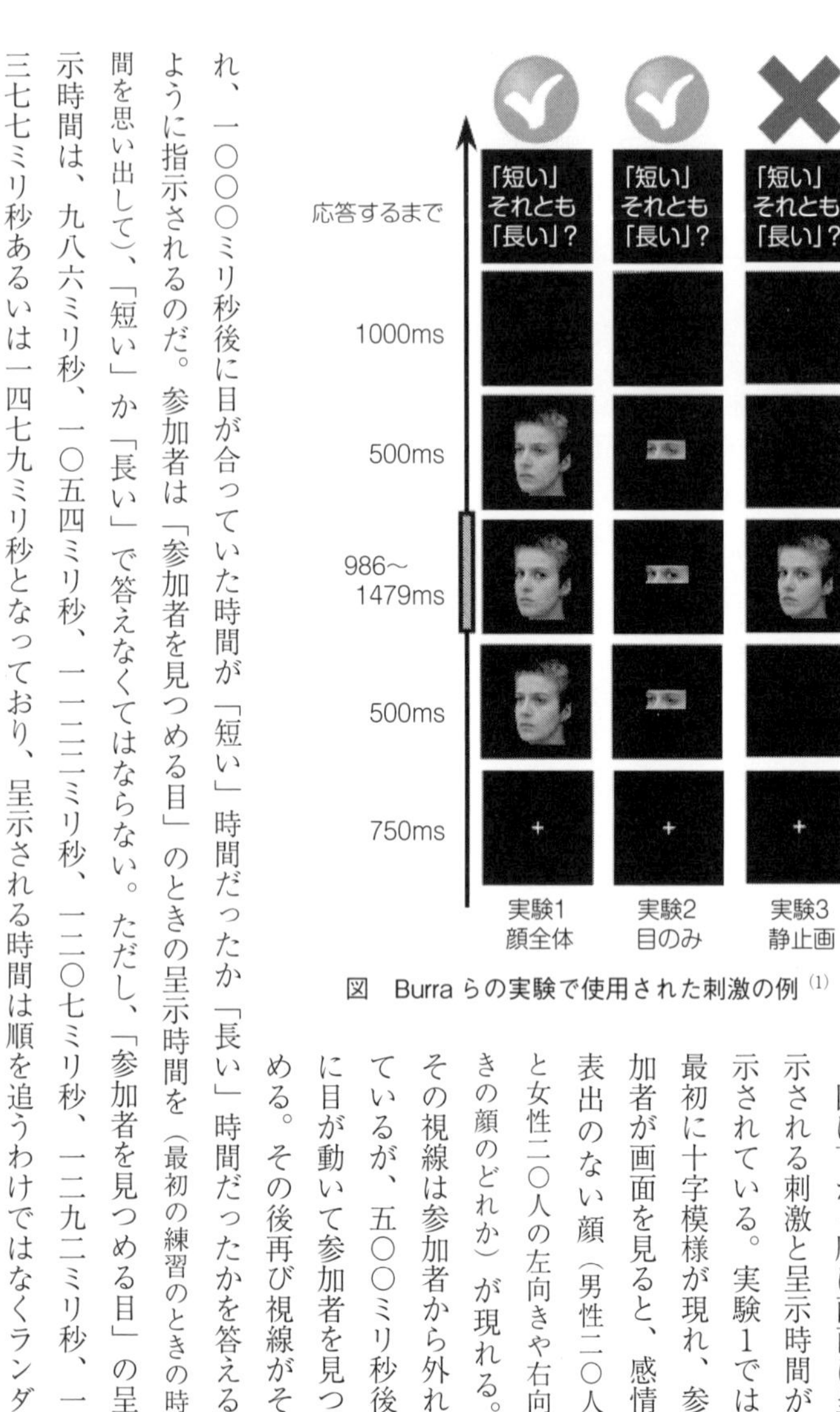

図　Burraらの実験で使用された刺激の例[1]

図は下から順に画面に呈示される刺激と呈示時間が示されている。実験1では最初に十字模様が現れ、参加者が画面を見ると、感情表出のない顔（男性二〇人と女性二〇人の左向きや右向きの顔のどれか）が現れる。その視線は参加者から外れているが、五〇〇ミリ秒後に目が動いて参加者を見つめる。その後再び視線がそれ、一〇〇〇ミリ秒後に目が合っていた時間が「短い」時間だったか「長い」時間だったかを答えるように指示されるのだ。参加者は「参加者を見つめる目」のときの呈示時間を（最初の練習のときの時間を思い出して）、「短い」か「長い」で答えなくてはならない。ただし、「参加者を見つめる目」の呈示時間は、九八六ミリ秒、一〇五四ミリ秒、一一二一ミリ秒、一二〇七ミリ秒、一二九二ミリ秒、一三七七ミリ秒あるいは一四七九ミリ秒となっており、呈示される時間は順を追うわけではなくランダムだ。練習のときの時間に近い九八六ミリ秒とか一〇五四ミリ秒であれば「短い」と、一三七七ミリ秒や一四七九ミリ秒ならば「長い」と答えるのはたやすいかもしれない。しかし、中間の一二〇七ミリ秒や一二九二ミリ秒だったら、どうなるのだろうか。迷いながらも参加者はどちらかを選ばないといけない。視線の影響がなければ、一二〇七ミリ秒は「長い（一四七九ミリ秒）」よりも「短い（九八五ミリ秒）」に五〇ミリ秒だけ近いので、「短い」が「長い」よりも少しだけ高い頻度で選択されるだろうし、一二九二ミリ秒ならば「短い（九八五ミリ秒）」よりも「長い（一四七九ミリ秒）」に近いので、「長い」が「短い」よりも少しだけ高い頻度で選択されるだろうと予測される。

実験1の結果、参加者は「短い」と答える頻度が全体に高くなった。つまり、「参加者を見つめる目」の影響で、見つめ合っている時間を短く知覚してしまったのだ。実験2の「目」だけでも同様の結果になった。しかし、実験3の視線の動きのない静止画の「参加者を見つめる目」だけでは時間を短く知覚してしまう傾向は見られなかったという。また、図の実験1では視線がこちらに向いているが、逆方向に目が動いて、視線がさらに向こうにそれる場合にも、時間を短く判断してしまう傾向は見られなかったそうだ。

他者の目が動いてアイコンタクトが成立したときに時間がゆがむ。しかも、実際の時間よりも短いほうにゆがむ。しかし、なぜ時間を短く知覚してしまうのかは謎である。Burraら[1]は、アイコンタクトの時間を短く感じることで、より長い時間を他者と見つめ合っていられるのではないか、それは社会的なヒトには重要なことなのかもしれないと考えている。実験で使用された写真は参加者にとって知らない成人男女だったが、これがもし、参加者の大好きな俳優だったら、あるいは赤ちゃんやイヌやネコだったら、アイコンタクトの持続時間をさらに短く感じるのだろうか。もしかすると、それが大好きな人と長く見つめ合い続けられる要因の一つだったりするのだろうか。

### 引用文献

（1） Burra, N. *et al.*（2021）. Meeting another's gaze shortens subjective time by capturing attention. *Cognition, 212*. doi: 10.1016/j.cognition.2021.104734

# 眠るヒドラ

祖母の家にはネコがいた。幼い頃、目を閉じてじっとしているネコを見て、「ネコが寝ている」と思っていた。もう一人の祖母の家の庭には池があった。池の周りにはたくさんのカエルがいて、カエルも目を閉じてじっとしていたので、「カエルが寝ている」と思っていたが、本当にネコやカエルは寝ていたのだろうか。睡眠は脳にたまった老廃物を排出するのを助けるという研究[1]もあるし、睡眠と言えば脳の働きと深い関係があると考えられているので、ネコやカエルが寝ているかどうかを確かめるには脳を調べなくてはならないのだろうか。

Nath ら三人[2]は脳（中枢神経）のない、散在神経系の生物であるクラゲは眠るのだろうかと疑問を持った。ワシントン・ポストの記事（Scientists just discovered the first brainless animal that sleeps）の中で、三人のうち Abrams は「どう考えてもクレイジーなことを始めるときは、誰かに話す前にまずデータを取るのがいいんです」と語っており、当時、大学院生だった彼らはこっそりとサカサクラゲ（*Cassiopea spp.*）で夜な夜な実験を行ったという。では、どうやって彼らは脳のないクラゲの睡眠を確認したのだろう。

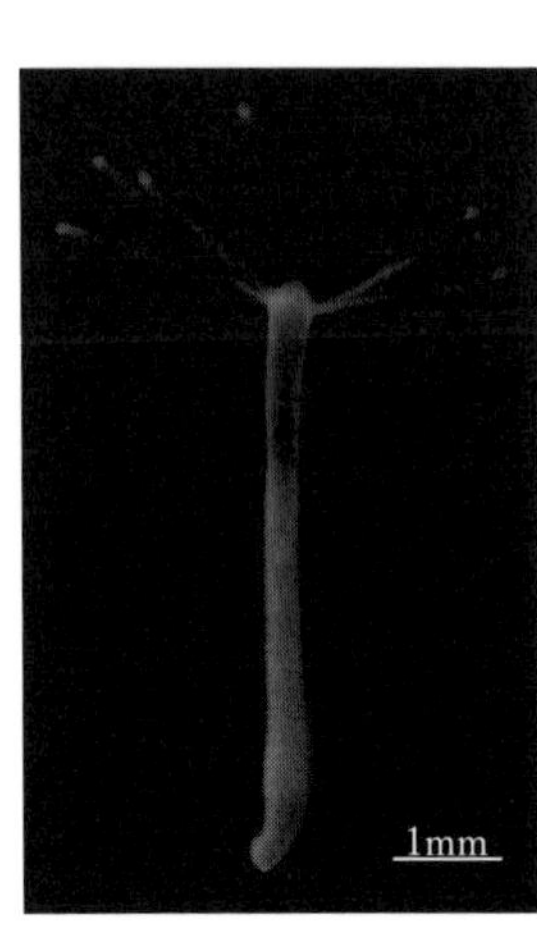


図　ヒドラ（提供：伊藤太一）

①静止状態（活動の減少）が存在するかどうかを調べる。二三匹のクラゲで六昼夜、傘の開閉を数えた。昼は二〇分当たり平均一一五五回、夜は平均七八一回と、夜は活動が減少したのだ。夜にクラゲが静止しているときに餌を入れると活発に動きだしたので、クラゲは静止していても昏睡状態ではなく、元に戻れることが確かめられた。

②静止状態時に刺激を与えると活動状態のときよりも反応が遅れるかどうかを調べる。タンクの底に上下に動く板を入れた。クラゲはいつも底にいる、つまり板の上にいるので、その板を上げてから下げると、クラゲは水中に浮いた状態になる。すると、昼のクラゲはすぐに泳いで底に戻ったが、夜のクラゲは五秒ほど水中を漂った後、突然目が覚めたかのように底に向かって泳ぎ始めたのだ。

③夜、二〇分ごとにクラゲをつついて睡眠の邪魔をしたら、まるで寝不足のヒトのように、翌日の昼間にはぼんやりと水中を漂い、次の夜にはより深く眠った。

これら三つの実験結果を教授に示したところ、さらに実験を進められるようにと教授から実験室を提供してもらったという。こんな方法を考えた彼らはすごい。それにしても、①も②も③も、まるでヒトのようだ。

クラゲもヒトも体内時計を持っている。体内時計の働きで夜になると眠くなる。体内時計は時計遺伝子によって保たれているが、ヒドラ（*Hydra vulgaris*：図）には時計遺伝子がないのだそうだ。だったらヒドラは眠らないのだろうか。Kanayaら[3]は体長一センチほどのヒドラで前述の①、②、③について調べたところ、①行動が静止する状態がヒドラにも存在し、静止しているときに強い光を当てると覚醒した。②二〇分以上静止した状態のヒドラに弱い光を当てると、活動状態のときよりも反応が遅かった。③振動を与え続けて、ヒドラの睡眠を邪魔したところ、翌日の睡眠が長くなった。ヒドラもクラゲやヒトのように眠るようだ。とはいえ、体内時計のないヒドラは、光があれば起きて、光がないと眠るのだという。

しかし、なぜクラゲやヒドラは眠るのだろう。Kanayaら[3]は、ヒドラの睡眠を阻害すると細胞の増殖が抑えられることを発見し、ヒドラの睡眠は体の維持や成長に必要なのではないかと考えている。

脳のない生物は眠るのだろうか、という問いにクラゲやヒドラで挑戦したNathらやKanayaらの、身近なヒトの行動から発想したような、それでいて洗練された方法に脱帽した。

引用文献

（1） Fultz, N. E. *et al.* (2019). Coupled electrophysiological, hemodynamic, and cerebrospinal fluid oscillations in human sleep. *Science*, *366*, 628–631.
（2） Nath, R. D. *et al.* (2017). The jellyfish Cassiopea exhibits a sleep-like state. *Current Biology*, *27(19)*, 2984–2990.
（3） Kanaya, H. J. *et al.* (2020). A sleep-like state in *Hydra* unravels conserved sleep mechanisms during the evolutionary development of the central nervous system. *Science Advances*, *6(41)*. doi: 10.1126/sciadv.abb9415

## ヒトづき合いの遺伝率（イヌ版）

十人十色、百人百様。身体的特徴や認知能力などの表現型の個人差・個体差は、遺伝的要因と環境的要因との相互作用によって生じる。たとえば、身長は遺伝的要因の影響が強く、欧米人の双子研究によれば遺伝率が約八〇パーセントだという。ところで、この「遺伝率八〇パーセント」というのがくせ者で、少々わかりにくい。遺伝率というのは、一卵性双生児なら一、二卵性双生児なら〇・五、というような血縁度、すなわち遺伝的要因の分散（ばらつき）で、（身長なら身長についての）集団における特定の形質の違い（分散）をどのくらいの割合で説明できるかを示したもので、個人差に遺伝的要因がどの程度寄与しているのかを示している。そして、もちろん遺伝率は、視力・聴力といった知覚特性や、知性・性格特性といった側面にも適用することができる。

イヌは少なくとも二万年にわたってヒトと共生してきた生物で、視線や指さしといったヒトのコミュニケーション・シグナルに高い感受性を示すことが明らかになっている。Bray ら[1]はこのような感受性の基盤を探るために、ヒトのコミュニケーション・シグナルに対するイヌの感受性の発達的起源とその個体差に着目した。血統書つきの集団から生まれた三七五匹のレトリバーの子イヌ（生後八・

五週）で行動実験を行ったので、すべての子イヌの血縁関係が明確にわかっていることと、子イヌは生後八・五週にわたっては母親やきょうだいと過ごしているので、ヒトとのやりとりの経験という環境要因が実験前に介入する余地が極めて少ないこと、この二つが重要なポイントだ。

社会的認知能力に関する四つの課題（指さし、目印、話者を見る、開かない容器）を子イヌに対して行った。「指さし」では、子イヌから見えないように二つのうち一方のカップに餌を隠し、餌の入っているほうのカップを実験者が指さす（図①）。「目印」では、指さすのではなく黄色い目印を置いた（図②）。「話者を見る」では、ケージにいる子イヌに「こんにちは、わんちゃん。あなたはとてもかわいいわ。大きなおめめね。遊ぶのは好き？」などと、見つめながら三〇秒間話しかけた。「開かない容器」では、子イヌには開けられない容器に餌を入れ、それを与えた際の子イヌの反応（成体のイヌでは傍にいる実験者への注視行動が見られる）を調べた。

図　「指さし」課題と「目印」課題

その結果、「指さし」では指さしたカップ、「目印」では目印を置いたカップが、統計的に有意に選択された。二つのカップの底にはどちらも餌が貼りつけてあるので、餌の匂いは手がかりにならないし、「指さし」も「目印」もない条件では餌の入っているカップを有意に選ぶことはなかったので、子イヌは「指さし」や「目印」を手がかりにカップを選択していたと解釈できる。また、子イヌは話しかけているヒトの顔をある程度注視したが、「開かない容器」のときに実験者の顔を見ることはほとんどなかった。「開かない容器」で実験者を注視するには何らかのヒトとのやりとりの経験が必要なのかもしれない。一方で、実験以前のヒトとの接触経験の少なさを踏まえると、「指さし」や「目印」の利用、「話者を見る」傾向には、何らかの生得的な基盤が存在するのかもしれない。

さらに課題時の子イヌの行動の個体差と血縁度のばらつきから遺伝率を割り出したところ、興味深いことがわかった。「目印」における遺伝率は一四パーセント、「開かない容器」では八パーセントと低かったのだが、「指さし」と「話者を見る」では、遺伝率が四〇パーセントを超えていたのだ。この数値は、性格特性などのヒトの行動遺伝率に匹敵する高さだ。また、「目印の利用」と「指さしの利用」という、一見よく似た行動の間に大きな違いがある可能性が示されている点も興味深い。

「指さし」「話者を見る」というヒトのコミュニケーションに適応したイヌの社会的スキルが、遺伝的基盤を持って発現している可能性が示唆された。このような特性がイヌに備わっているのは、ドメスティケーション（家畜化）と呼ばれるヒトとの長い共生の歴史を反映したものと考えられる。その事実に驚嘆して頼もしく思う一方で、どこか申し訳ない気もしてしまうのはなぜだろう。こういうことを考えながらやってみる「あっち向いてホイ」には、何かしらの趣きがある。

引用文献

（1） Bray, E. E. *et al.*（2021）. Early-emerging and highly heritable sensitivity to human communication in dogs. *Current Biology, 31(14)*, 3132-3136.e5. doi: 10.1016/j.cub.2021.04.055

# フンコロガシは天の川を見上げる

子どもの頃、『ファーブル昆虫記』のフンコロガシの箇所を興奮しながら読んだ。動物のフンを食べる昆虫を糞虫（ふんちゅう）といい、その中でも、フンを球状にして転がして運ぶ、コガネムシ科の甲虫を一般にフンコロガシという。古代エジプトでは大きな球体（フン）を作って転がすフンコロガシ（スカラベ——コガネムシ科タマオシコガネ属の語源となった古代エジプト語）を神秘的な生物とし、球状のフンを太陽に見立て、スカラベを太陽の運行を司る太陽神と考えた。太陽は再生や復活の象徴なので、スカラベは聖なる甲虫として古代エジプトの人々に崇拝されたようだ。当時のスカラベをかたどった石やミイラなどが現在も残されている。

フンコロガシは、フン山を見つけたら直ちに球状にし、その上に立ってくるくる回る（図A）。方向を確認するのだ。その後、球から降りて逆立ち姿勢で球を転がし、一気に直進してその場から遠ざかる。フン山には競争相手の他個体が多数いるので、そこからすぐに離れないと、丸めたフンを横取りされてしまうからだ。これまでの研究で、フンコロガシ（*Scarabaeus satyrus*）は直進するために、昼間は太陽の位置を、夜になると明るい月の光を、月が雲で覆われているときには偏光パターンを、

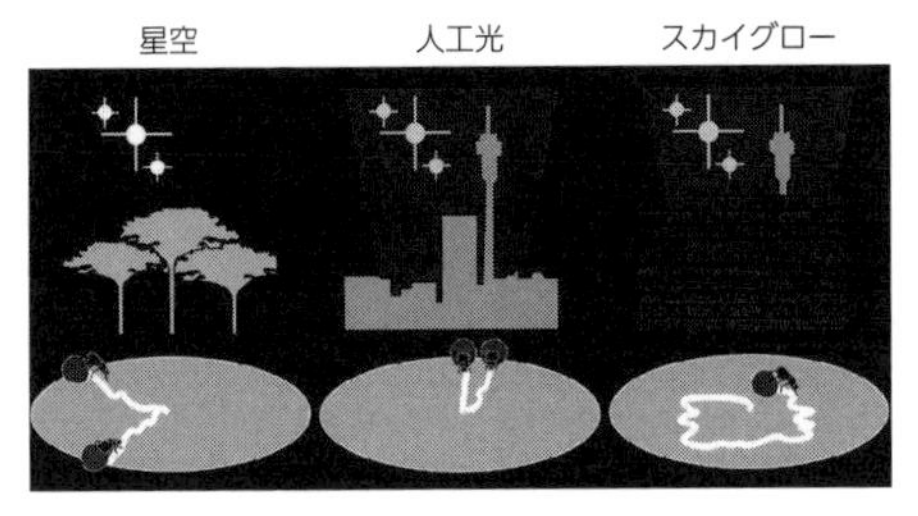

図B　人工光による影響[2]

図A　厚紙で作った帽子をかぶせられたフンコロガシ（提供：Marcus J. Byrne）

手がかりに使うことが明らかになっている。ところが、月のない晴れた夜にも、多くのフンコロガシがまっすぐ進むことにDackeら[1]は気がついた。星空を手がかりにしているのかもしれないと仮説を立て、星空の夜、南アフリカの野外調査地で、直径二メートルの円形の木の床の周囲を高さ一メートルの黒い布で覆って水平方向の景色を遮り、フンコロガシ用のステージを拵えた。この円の中央に、上方向の視界を遮るための厚紙で作った帽子をかぶせたフンコロガシ（図A）とフン球を置いたのだ。対照群として、帽子をかぶせないものと、透明なプラスチック製の帽子をかぶせたものでも行った。すると、帽子なしと透明の帽子をかぶせたフンコロガシは直進したが、厚紙の帽子をかぶせたフンコロガシは、蛇行しながら進んだ。

星空を目印にしていることを確認するため、ヨハネスブルクのプラネタリウムでも同様の実験をした。プラネタリウムの直径一八メートルの天井に、月のない夜と同様の、四〇〇〇個以上の星と天の川の映像を投影したとき、フンコロガシは直進した。天の川だけを薄い光の帯として投影したときも直進した。しかし、天の川を除いて、一八個の明るい星だけを投影したところ、直進せず、蛇行してしまった。フンコロガシは天の川の光の拡散した帯を目印にしているのだ。フンコロガシの複眼には、天の川の帯はどのように映るのだろう。

ヒトは人工光を使う。昆虫、鳥類、哺乳類など、夜空を頼りに移動を行っている多くの種にとって、人工光は光害だ。人工光の直接的な光と、人工光から空や地上に光が散乱したり反射したりする「スカイグロー」と呼ばれる間接的な光は、都市部に限ったものではない。Foster[2]らによると、人工光によって天空の情報が使えなくなったフンコロガシは、人工光に向かって突き進んでしまったり、スカイグローによって方向を定められなくなってぐねぐねと蛇行してしまったりしたという（図B）。人工光は動物たちの天体の羅針盤を狂わせてしまうのだ。

ヒトは人工光のない場所で夜空を見上げ、天の川や星の美しさに強く心を動かされるが、一方で星や天の川を消し去る人工光に頼ってもいる。美しい天の川を見ているのはヒトだけではないことを、忘れてはいけない。

引用文献

（1） Dacke, M. *et al.* (2013). Dung beetles use the Milky Way for orientation. *Current Biology, 23(4)*, 298–300.
（2） Foster, J. J. *et al.* (2021). Light pollution forces a change in dung beetle orientation behavior. *Current Biology, 31(17)*, 3935–3942.e3. doi: 10.1016/j.cub.2021.06.038

# 人生いろいろ瞳孔もいろいろ

胸の筋肉を上下に動かしたり、頭皮を前後に動かしたり、耳を動かしたり、舌を折り畳んだりできる人たちがいる。子どもの頃に練習したら耳を動かせるようになったという夫は、練習すればできると言うが、どの筋肉（横紋筋）をどう動かせばよいのかさっぱりわからないので、私は何一つできないままだ。さらに内臓に存在する平滑筋はなおさら無理だ。ところが、ある論文[1]に瞳孔を意のままに拡大・縮小できる二三歳の男性（D・Wさん）が登場した。以前紹介したオウゴンフウチョウモドキ（「小さい瞳孔には近づくな」一六ページ）のようではないか。

ある日、この論文[1]の執筆者の一人であるStrauchのもとにD・Wさんが訪ねてきて、瞳孔を自在に拡大したり、縮小したりできると告げたのだ[2]。瞳孔の拡大と縮小は、虹彩にある二つの小さな平滑筋、瞳孔散大筋と瞳孔括約筋の働きによる。暗い環境では光をより多く取り入れるよう瞳孔を拡大し、明るい環境では光の流入量を抑えるよう瞳孔を縮小する二つの筋肉の働きは、完全に自動化されていると考えられている。とはいえ、以前から瞳孔の大きさを自由に変えられるという人はいた。しかし、彼らは間接的な方法（たとえば、太陽のことを考えて瞳孔を縮小させる、興奮するようなことを考えて瞳孔を

①瞳孔縮小

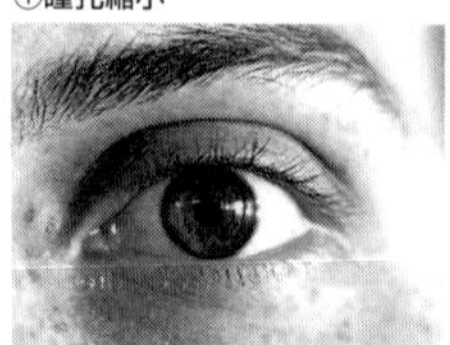

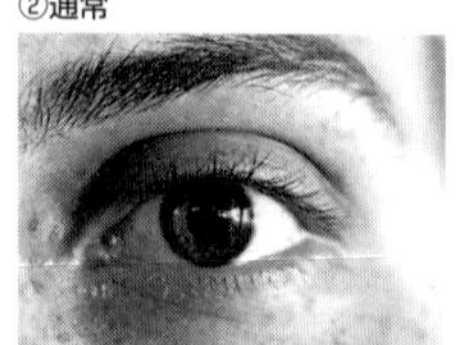

③瞳孔拡大

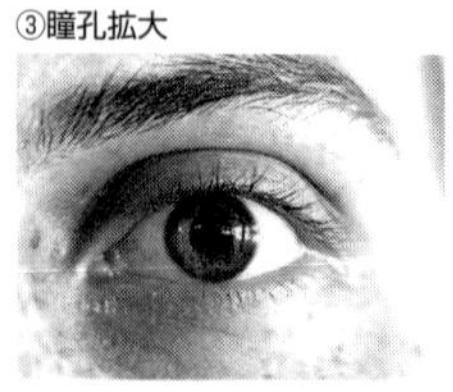

図　瞳孔を自在に変化させるD・Wさん[1]

拡大させる、計算による認知的負荷をかけて瞳孔を拡大させる）を使っていたのだ。ところが、D・Wさんは直接筋肉を動かしているという。

　D・Wさんは、一五、六歳の頃、コンピュータゲームをして疲れると、眼球を振るわせて（!）リラックスする方法を編み出した。これを友人に見せたところ、友人から瞳孔が小さくなったと指摘され、瞳孔の大きさを変化させる練習を開始する。練習の早い段階で、眼球を振るわせることと瞳孔を変化させることを切り離せるようになる。以前から授業中に、対象物の前や後ろに焦点を移して遊んでいて（たぶん授業に退屈していたのだろう）、いつしか対象物がなくても焦点移動ができるようになり、この方法が瞳孔の縮小と拡大に結びついたと本人は考えている。さらに、「瞳孔の縮小」は、眼球の中の何かをつかむ、引っ張る感じであり、「瞳孔の拡大」は、目を完全に解放し、リラックスするという感じで、明るい環境や暗い環境を想像する必要はないとインタビュー[1]で答えていた。そこで、D・Wさんがダイレクトに瞳孔を拡大・縮小させているのか、あるいは間接的な方法を使っているのかを確かめるために、Eberhardt[1]らは様々な実験を行った。

　図のように、D・Wさんは瞳孔径を自在に操り、実験者の指示通りに、通常時（ベースライン）から〇・八ミリ拡大したり、二・四ミリ縮小したりをやってのけた。実験者と話をしながらでも可能だった。そこで、Ｄ・Ｗさんが瞳孔を拡大・縮小させているときに皮膚コンダクタンスを測定し、瞳孔拡大時に興奮しているかを調べたが、皮膚コンダクタンスに変化は見られなかった。次に、近くの物体を見ると眼球が内転して瞳孔は縮小する（輻輳反射）ので、それを利用している可能性を調べたが、Ｄ・Ｗさんは眼球を内転させずに瞳孔を縮小させた。さらに、機能的磁気共鳴画像法（ｆＭＲＩ）で瞳孔径変化時の脳の活動を調べたところ、意思決定に関係している背外側前頭前野と、自発的な運動の開始に寄与している補足運動野の活動が認められたが、Ｄ・Ｗさんが間接的方法を使用している証拠は見つからなかったのだ。

Ｄ・Ｗさんは虹彩の筋肉をダイレクトに動かせるのかもしれない。しかし、そう断言できる証拠もないので、さらなる調査が必要だという。そこで、「私も瞳孔の拡大・縮小ができます！」という方がいらしたら連絡をくださいと記事に書かれていた[2]。


**引用文献**

（1） Eberhardt, L. V. *et al.* (2021). Direct voluntary control of pupil constriction and dilation: Exploratory evidence from pupillometry, optometry, skin conductance, perception, and functional MRI. *International Journal of Psychophysiology*, *168*, 33-42.

（2） Live Science News（https://www.livescience.com/man-can-control-pupil-dilation.html）

# 右手が先だ、左手が先だ

子どもの頃、手を交差させてピアノを弾いている人をテレビで初めて見た。まねしたいと思ったけれど、私はピアノを弾けなかった。そんなある日、小学校の教室のオルガンで、友人が「ねこふんじゃった」を弾いていているのを何気なく見ていたら、友人の手が交差したのだ。すぐに弾き方を教えてもらい、何度も練習をして弾けるようになったとき、自分でも信じられないくらいうれしかったのを覚えている。手を交差させて鍵盤をたたく感覚は、非日常的な新鮮さに満ちていたのだ。

図のように、参加者は振動する装置の入った箱を右手と左手に持つ。右手と左手は二〇センチほど離す。箱にはちょうど親指が入るぐらいの大きさの穴があり、そこに親指を置く。参加者は四通り——（座る：図①・②／横になる：図③・④）×（左右の腕を交差させる／左右の腕を交差させない）——の姿勢で課題をこなす。さらに目隠しをする条件あるいは目隠しをしない条件のどちらかが参加者に割り振られた。実験者は二つの箱をそれぞれ二〇ミリ秒間振動させる。このとき二つの箱の振動の開始時間に差をつけるのだ。この時間差は四〇〇ミリ秒、二〇〇ミリ秒、一〇〇ミリ秒、あるいは五〇ミリ秒の四通りで、右が先に振動するときと左が先に振動するときがあり、全部で八通りとなる。各時間

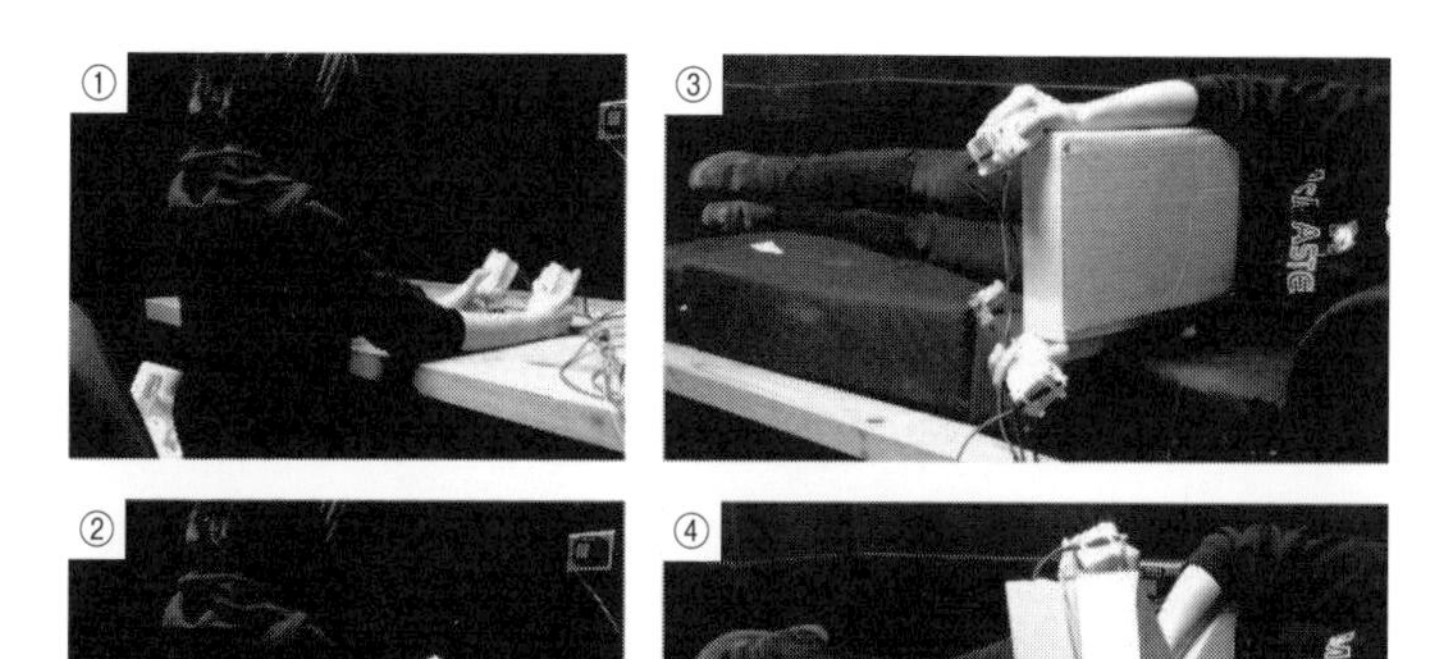

図　4種類の姿勢で右手と左手に木の箱を持つ[1]

差はそれぞれの姿勢で二四回行われるので、八通り×二四回で、各姿勢一九二回となる。参加者は右手と左手に与えられた振動を、両方とも知覚した後、最初に振動を知覚したほうの親指で箱の穴を押さなくてはならない。これを各姿勢で一九二回も行うので参加者も大変だが、この課題は簡単そうに思えるだろうか。たしかに手を交差させない状態で振動の時間差が四〇〇ミリ秒もあれば、ほぼ正解する。しかし、手を交差させて時間差が短くなると、右手が先だったか左手が先だったかわからなくなってしまうのだ。

ところが、手を交差させた姿勢のときに目隠しをすると、参加者の成績が上がり、さらに横になっても成績が上がったのである[1]。手を交差させると、右側（外部座標）に見えている手が左手（身体座標）となり、外部座標と身体座標が一致しなくなり、触覚刺激の位置の決定（定位）に時間がかかる。振動の時間的順序は触覚刺激が定位された後に決定されるので[2]、一回目の触覚刺激の定位より前に二回目の触覚刺激が呈示されると、振動の時間的順序がわからなくなってしまうのだ。視覚情報を遮断すると外部座標の影響が減り、身体座標をより使うようになり、参加者のパフォーマンスが向上したと考えられる。では、横になるとなぜ成績がよくなったのだろう。内耳には平衡感覚を知覚する器官（前庭系）がある。この器官に微細な電気刺激（前庭電気刺激：galvanic vestibular stimulation）を与えながら実験者が参加者の手に触れると、参加者は触れられた位置がわからなくなるという報告があり[3]、横になると前庭系の働きが変化するので、参加者の成績が向上したのだろうとUnwallaら[1]は考えている。しかし、そのしくみはまだよくわかってはいない。

前庭電気刺激装置は耳の後ろに貼れるぐらい小さい。この装置で微弱な電流を流すと（流し方によるようだが）加速度を感じて身体が自然に傾いたりするらしい。近い将来、映画館で前庭電気刺激装置を耳の後ろにつけて、加速度を感じながら映画を見る日が来るかもしれない。その日が来たら体験してみたいと思ったのだけれど、いつだったか友人が「映画とかさあ、別に飛び出さなくてもいいんだよ。もっと人間の想像力を信じようよ」と、言っていたのを思い出した。


引用文献

(1) Unwalla, K. *et al.* (2021). Haptic awareness changes when lying down. *Scientific Reports, 11*, 13479.

(2) Yamamoto, S. *et al.* (2001). Reversal of subjective temporal order due to arm crossing. *Nature Neuroscience, 4* (7), 759-765.

(3) Ferré, E. R. *et al.* (2013). Vestibular contributions to bodily awareness. *Neuropsychologia, 51* (8), 1445-1452.

2022

# 日々移動するフジツボ

近所の鮮魚店をのぞいたらカメノテが売られていた。名前通りの形態はしているが、もちろん亀の手ではない。甲殻類蔓脚下綱、広い意味ではフジツボの仲間だ。食べられる物体には見えなかったが、夫がうれしそうに買い物カゴに入れた。夕ご飯の味噌汁の具になったカメノテはやはり亀の手のままだったが、さすが甲殻類という出汁が出ていた（見よう見まねで「身」も食べました）。

有柄目のカメノテは柄が岩に固着しているが、無柄目のフジツボには柄はなく、殻の基底が貼りついており、種によって固着する場所（生物など）が決まっている。イワフジツボは岩、サンゴフジツボはサンゴ、カメフジツボはカニやウミガメだ。甲殻類である彼らは、エビが逆立ちしたような格好で殻に入っている。殻の上部からひらひら出ているのが蔓脚（足）で、その下に目や口がある。目や口が面しているほうが前となる。そもそもフジツボに前と後ろがあるとは考えたこともなかった。

甲羅に貼りついて生活するカメフジツボ（*Chelonibia testudinaria*）を使って、アオウミガメを個体識別するアイディアを思いついたMoriarty らは[1][2]、実際に野生個体の継続観察を始めたが、途中で、予想していなかったことに気づいた。カメフジツボの位置が少しずつ変化しているようなのだ。最初は同業のフジツボ研究者さえ「そんなはずない！」という反応だったが、フロリダ州ボカラトン沖、水深一〜六メートルの岩場に生息しているアオウミガメ三頭を、頭部、甲羅、ひれ足の鱗模様で個体識別した上で、甲羅の上のカメフジツボ一三匹の位置を二〇〇三〜〇六年に継続測定したところ、一〇匹のカメフジツボがカメの前方へと、一日に平均一ミリ弱移動していたことがわかった。Moriartyら[2]は、摂餌に最適な流れの多い、カメの前方に移動しているのではないかと考えた。

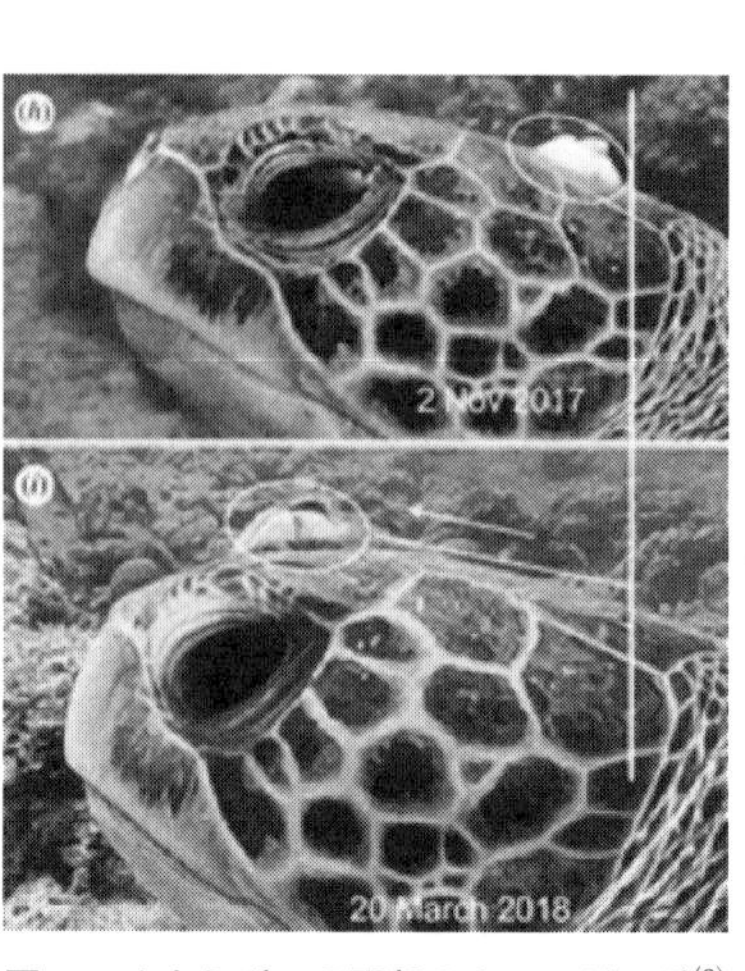

図　アオウミガメの頭部のカメフジツボ[3]

ほかのフィールドでも同じ現象が確認された[1][3]。台湾の琉球郷沖に生息しているアオウミガメ三頭（それぞれ一匹のカメフジツボが固着）を観察したところ、三匹のカメフジツボは四〜六カ月後、図のようにカメの前方へと動いていた。さらに、スペインで飼育されていたアカウミガメに固着したカメフジツボ五〇匹を観察したところ、一四週間後に五ミリ以上動いたのは三〇匹で、うち一四匹はカメの前方、九匹は後方、五匹は甲羅の正中線に向かって（横方向に）移動した。残り二匹は途中で方向転換し、一匹は後方に移動した後に前方に、もう一匹は前方に移動した後に内側に移動した。

カメフジツボが（その多くがカメの前方に）動く理由を知るには実験が必要で、そのためには固着しているフジツボをはがして、実験に便利なものに再固着させなくてはならない。Chanら[1][3]は、カニからカメフジツボを単離して透明なアクリル板に再固着させることに成功した。カメフジツボが海流に押されて動いたのなら、流れに従って動くだろう。実際に海流を当て観察を行ったところ、アクリル板上のカメフジツボは流れに逆らって（水流に対して前を向いていたら前進し、後ろを向いていたら後退して）動いたのだ。前進のほうが後退よりも動きが四倍速かった。一方、カメフジツボは雌雄同体なので、他個体に接近して交尾している可能性も考慮して、アクリル板の上に多数のカメフジツボを固着させせて移動を観察したが、接近傾向は見られなかった。カメフジツボには矮雄（小さなオス）が存在する。すでに矮雄が付着していた個体がいたので、交尾の必要はなかったのかもしれない。カメフジツボは流れの速い場所に移動する。それは繁殖ではなく摂餌環境を最適化する機能を持つようだ。

夫がどこかから買ってきた海揚がりの（海中から引き揚げられた）古備前の壺には、付着していた海生生物の跡が白く点々と残っている。眺めていたら内側に移動したような跡があったので「これもフジツボかな」と喜んで聞いてみたら「カキの殻。そもそもカメフジツボは動かない壺には付着せんだろう」と冷静に否定された。村上春樹の短編に「日々移動する腎臓のかたちをした石」（『東京奇譚集』新潮社、二〇〇五年所収）というのがあるが、そんなふうに壺が海中を移動していたら、そこにはカメフジツボも固着して、日々移動するのかもしれない。

## 引用文献


(1) Tenn, C. (2021). Some barnacles can move around to improve feeding position. *The Scientist*, Oct. 6.

(2) Moriarty, J. E. *et al.* (2008). Directional locomotion in a turtle barnacle, Chelonibia testudinaria, on green turtles, *Chelonia mydas*. *Marine Turtle Newsletter, 119*, 1-4.

(3) Chan, B. K. K. *et al.* (2021). Five hundred million years to mobility: Directed locomotion and its ecological function in a turtle barnacle. *Proceedings of the Royal Society B, 288*, 20211620.

# 鳥類の瞳孔は逆

オウゴンフウチョウモドキ（*Sericulus ardens*）のオスは、メスがやってくると求愛行動を開始する。求愛行動は瞳孔が小さな点になるぐらいまで収縮することで始まり、その後、再び拡大し、また収縮を繰り返す。この瞳孔径の変化はオスが自在に操っているのだろうか、どのようなしくみなのだろうか、とても不思議だと以前書いた（「小さい瞳孔には近づくな」一六ページ）が、インコの飼い主たちにとっては、ボディーランゲージとしてインコが瞳孔の収縮を使うことは常識なのだそうだ。一九七四年の論文[1]の、パナマボウシインコ（*Amazona ochrocephala panamensis*）のメスは発声するときや、ヒトから「こんにちは」とか「かわいい子」などと呼びかけられたときに瞳孔が収縮するという報告で、インコの瞳孔変化が指摘されている。ここに、鳥類の虹彩筋は「横紋筋」だと書かれてもいた。「横紋筋」と言えば骨格筋と一緒だ。これには驚いた。哺乳類の虹彩筋は内臓筋と同じ平滑筋なのだ。まさか鳥類は違うなんて想像したこともなかった。横紋筋なら瞳孔の拡大収縮が自在にできるかもしれないないなあと何の根拠もないのに、一瞬でも思ってしまった自分に笑った。

カワラバト（*Columba livia*）のブダペスト種は、頭の大きさと比べて目が大きく、虹彩の色が鮮や

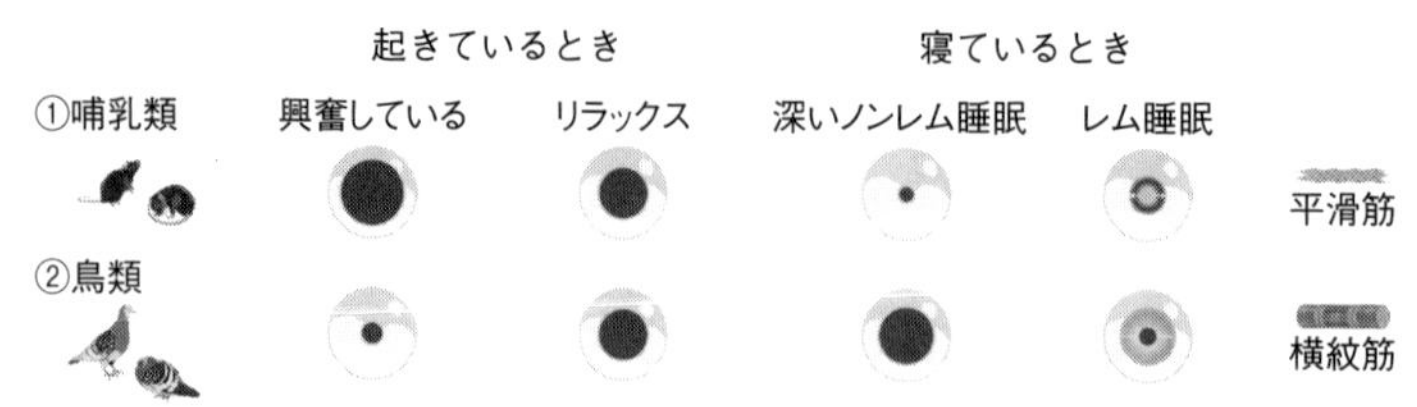


図　哺乳類と鳥類の瞳孔径の変化（提供：Gianina Ungurean）

かで、まぶたが半透明であること、ほかのハトと同様に睡眠中に頭を羽毛の中に入れないことから、瞳孔径を調べる研究に特に適しているとUngureanら[2]は考えた。カワラバトのオスの頭部にカメラを装着し、自由に動き回っているときの瞳孔径を測定したところ、オスが一羽でいるときには瞳孔は拡大していたが、メスと一緒になり求愛行動を始めると急速に収縮したのだ（図②）。これはオウゴンフウチョウモドキと一緒だ！

哺乳類（ネコやマウス）の睡眠中の瞳孔径を調べた研究では、眠気がやってきて、軽いノンレム睡眠、そして深いノンレム睡眠へと移行するにつれて、徐々に瞳孔が収縮していくことがわかっている（図①）。しかし鳥類の睡眠中の瞳孔径は調べられていないので、Ungureanら[2]は、まぶたを閉じても瞳孔が観察できるカワラバトで一晩中観察した。すると、睡眠時はほぼ瞳孔が拡大していたのだが、一晩で一〇〇〇回以上もの急速な瞳孔の収縮と拡張（rapid iris movements：ＲＩＭ）が見られたのだ（動画――https://ars.els-cdn.com/content/image/1-s2.0-S0960982221013166-mmc2.mp4）。これらは両眼で同時に起こっていた。睡眠時の脳波の活動や眼球運動のデータと照らし合わせたところ、ノンレム睡眠時に瞳孔が拡張し、レム睡眠時にはＲＩＭが生じることがわかった（図②）。

ＲＩＭはカワラバトに特有の行動なのだろうか。この疑問を解決するために、アマゾンカッコウ（*Guira guira*）の動画を入手して調べた。アマゾンカッコウはカワラバトと同様に半透明のまぶたと鮮やかな色の虹彩を持ち、頭を羽毛の下に入れて寝ることはないため、閉じたまぶたから瞳孔測定が可能だ。その結果、カワラバトと同様にアマゾンカッコウでも睡眠中のＲＩＭがレム睡眠時に観察されたのである。アマゾンカッコウとカワラバトは、六二〇〇〜七〇〇〇万年前に共通の祖先を持っていたという遠い関係にあるため、レム睡眠に伴うＲＩＭは鳥類に広く見られる可能性が高い。

哺乳類ではレム睡眠が情動反応の制御に関与しているという証拠が増えていることから、求愛行動のときに鳥類の瞳孔が収縮することも、レム睡眠時の素早い瞳孔の収縮・拡大運動も、「情動」を伴う情報の処理に関わる神経ネットワークの活性化を反映しているのかもしれないとUngurean ら[2]は考えているようだ。

興奮するとヒトも含めた哺乳類の瞳孔は拡大するのに、鳥類の瞳孔は収縮する。深いノンレム睡眠のときに哺乳類の瞳孔は収縮するのに鳥類の瞳孔は拡大する。レム睡眠では哺乳類の瞳孔は拡大するのに鳥類の瞳孔はＲＩＭだ。全部逆⁉　ということは、どっちでもいいということだろうか。


**引用文献**

（1）Gregory, R. *et al.*（1974）. Pupils of a talking parrot. *Nature, 252*, 637–638.

（2）Ungurean, G. *et al.*（2021）. Pupillary behavior during wakefulness, non-REM sleep, and REM sleep in birds is opposite that of mammals. *Current Biology, 31*, 1–7.

# 指パッチンとシャコパンチ

「親指と中指をすり合わせてパチンと鳴らす」ことを、英語では finger snap と言うそうだ。日本語だとどう訳すべきなのかわからない（「指を鳴らす」だと別の音を想像してしまう）ので「指パッチン」にすると、ポール牧さんしか思い出せない気もするが、それはそれでかまわない。ただ、映画「ウエスト・サイド物語」（ロバート・ワイズほか監督、一九六一年）の冒頭をはじめ数多く登場するあれも「指パッチン」でいいのかと考えると、違う気がする。スティーヴン・スピルバーグ監督版「ウエスト・サイド・ストーリー」の公開も近い中、引き続き考えておく必要はありそうだが、ひとまず置いておく。

映画の話ばかりしているが、今回ご紹介する研究はマーベル映画についての研究者の雑談から始まっているのだから、導入としてはこれでいいのだということにしておきたい。「アベンジャーズ／インフィニティ・ウォー」（アンソニー・ルッソほか監督、二〇一八年）で、悪役のサノスが金属製のガントレットを装着した手で指パッチンをする（と、世界が半分滅んだりする）。この映画を観たBahmlaと学生たちは、そんな手で指パッチンができるか否か、という本筋とはまるで関係のないところで激しい議論になり、指パッチンの研究を開始した。[1] 指パッチンする様子を高速度撮影し解析した結果（図）、親指と中指を押しつけ、指が圧縮されて垂直抗力が高まり、手や腕の弾性部位（スプリング）にエネルギーとして蓄積、二本の指の間の摩擦と親指がかけがね（ラッチ）として作用した後、親指が横方向に移動し、中指が親指をすばやく通り過ぎ（ラッチ解除）、指が手のひらに当たり停止する。このとき、弱い衝撃波が発生して「パチン」と音がする、というプロセスが明らかになった。

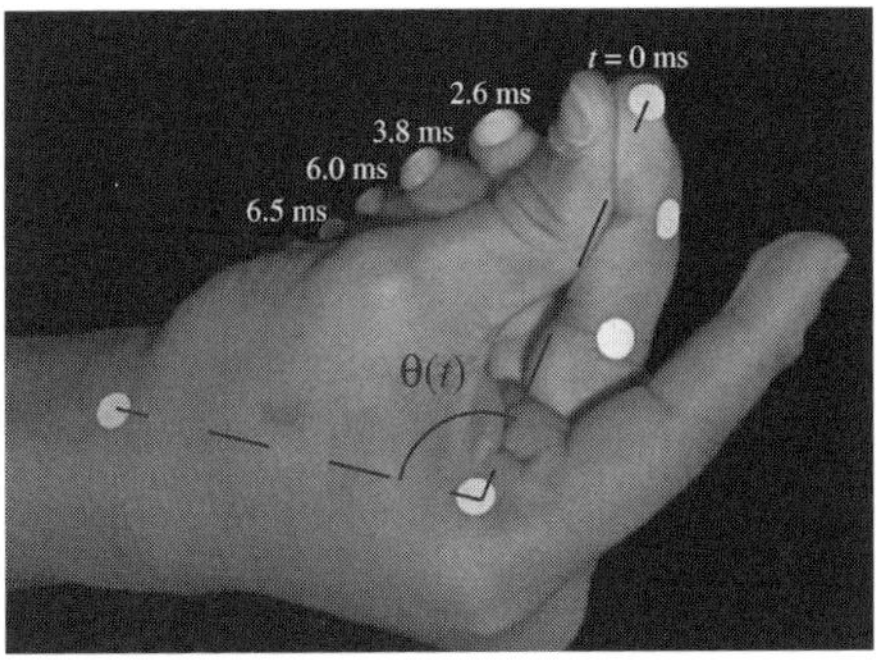

図　横から見た指パッチンの動き[2]

指パッチンは以前紹介したシャコパンチ（「九日目のシャコパンチ」『飛ばないトカゲ』六八ページ）のスプリングラッチシステムに基づいていたのだ。シャコや昆虫のラッチの形状やスプリング構造は詳細に検討されてきたが、指パッチンで重要な役割を担う指腹の「圧縮」と「摩擦」のスプリングラッチシステムでの役割は調べられていない。そこで指パッチンの研究を……と、ここまで論文[2]を読んだところで確認してみたら、指パッチン論文[2]執筆者の一人は案の定、シャコパンチの論文執筆者でもあった。私が読む論文は誰かの手のひらの上で転がされているようだ。

指パッチンは平均七ミリ秒、最大回転速度は毎秒七八〇〇度で、瞬きの三〇倍の速さだった。さらに指パッチンの角加速度は人体が作り出す最も速いものだったのだ。Bahmla は「この結果を見た時、椅子から飛び上がった」ぐらい驚いたという[(1)]。素手だと汗をかいたりして指パッチンが安定しないので、素手での指パッチンを忠実に再現するニトリル（合成ゴム）手袋をしたときをコントロールとし、より摩擦を小さくする潤滑油をその上に塗ったとき、より摩擦が大きくなるラテックス（天然ゴム）の指抜きを中指と親指にしたとき、さらに、中指と親指に銅製の指抜きをして（これがサノスのガントレットだ！）その上からニトリル手袋をしたとき、中指と親指の間に力センサーをはさみ、データをとった。その結果、摩擦が小さすぎると腱に十分なエネルギーが蓄積されず、摩擦が大きすぎると蓄積されたエネルギーの多くが運動ではなく熱として放散されてしまうことがわかった。金属の指抜き（サノスのガントレット）は摩擦が小さく、指のように圧縮しないので接触面積が小さくなり、snap を発生させることができなかった。Bahmla は「サノスが指パッチンできたのは〝ハリウッド効果〟だ」と結論づけた[(1)]。

指腹の圧縮と摩擦の両方が最適に調整されたとき、指はパチンと鳴る。最後に、シャコパンチの数学的モデル（ラッチなどを剛体と仮定）をもとに、Acharya らは[(2)]指パッチン（指は柔軟に変形）のモデルを作成し、摩擦が中指を親指に固定して中指が動くのを防ぐことで、力の吸収とエネルギーの蓄積を助ける一方で、エネルギーの放出を妨げるという、二重の役割を担っていることを明らかにした。

「デヴィッド・ボウイが〝Under pressure〟を演奏する時の snap もかっこいいよね」と「指パッチン」と呼びたくないらしい夫が言うが、彼は snap だろうが指パッチンだろうができないことを私は知っている。そういう私は一連の論文を読みながら練習を重ね、ポール牧さん並みに軽快な指パッチンを獲得したのである（言い過ぎです）。

## 引用文献


（1） Turner, B. (2021). Scientists find the fastest acceleration in the human body. Live Science.

（2） Acharya, R. *et al.* (2021). The ultrafast snap of a finger is mediated by skin friction. *Journal of the Royal Society Interface*, *18*. doi: 10.1098/rsif.2021.0672

# カラスの足跡

一〇年ほど前、「顔認識システムを使って成人かどうかを判定」するタバコの自動販売機（以下、自販機）があった。「成人」と判定されたらタバコを買えるのだ。顔認識システムを使った生体認証といえば「個人」を特定するものだが、タバコの自販機は、顔の目・鼻・口の配置や骨格、皮膚のたるみ、さらにはシワ（！）から成人かどうかを判定するものだった。この自販機が導入されると「小学生でも成人認証された」とか「年配の女性が成人認証されなくて大喜びした」などと話題になったので、顔からの成人認証は難しかったようだ。あの自販機は今はもうないのだろうか。

Ganel[1]は、男女各三〇人（平均年齢二五歳）の中立顔と笑顔の写真（図上段）を作成した。モニタに写真が一枚ずつ六〇枚呈示される。大学生の参加者は「できるだけ正確に年齢を推定してください」と言われ、好きなだけ時間をかけて写真を眺めて年齢を推定した。参加者には各人物の中立顔か笑顔のどちらか一枚が呈示された。たとえばグループ1の参加者には図の上段右の写真が呈示されたとすると、グループ2の参加者には上段左が呈示されるというように、参加者は写真の人物一人につき、中立顔あるいは笑顔のどちらかを一度だけ見ることになる。一般に、笑顔は若さと結びついていると思われているので、笑顔のほうの年齢を中立顔よりも下に推定するだろうと思われた。ところが、笑顔のほうが中立顔よりも年齢が上と推定されたのだ。なぜ中立顔よりも笑顔のほうが年齢が上に推定されたのだろうか。笑顔になると目が細くなるからだろうか。あるいは笑顔になると目の周りにシワができるからだろうか。そこで、顔写真の高空間周波数成分（明るさが急激に変化する部分——シワなど）を除いた画像（ピンボケのような画像になる）を使って、年齢を推定してもらったところ、中立顔と笑顔の年齢に差がなくなったのだ。さらに、顔を上半分と下半分に分けて年齢判断を行ったら、顔の上半分のときに、下半分のときよりも笑顔での推定年齢がより高くなった。これらの結果から、笑顔のときに年齢が上に見えるのは、目の周りのシワによるのではないかとGanel[1]は考えた。

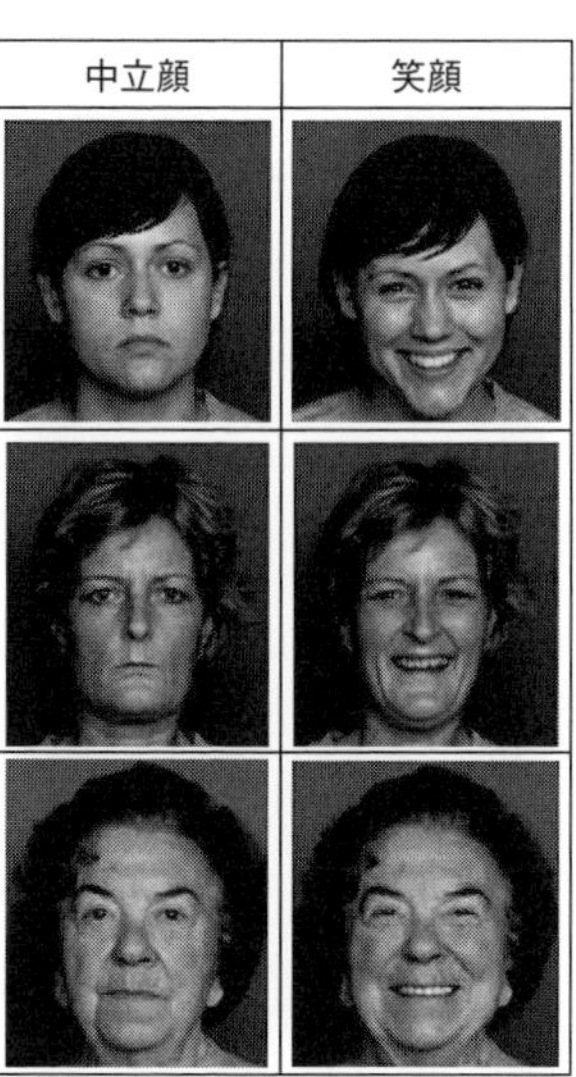


図　顔全体の写真刺激の例[2]

そもそも「笑顔は若く見えると一般に信じられている」というのは本当だろうか。そこで、Ganelら[2]は参加者に「笑顔は年齢が下に見えるだろうか、それとも上に見えるだろうか」とたずねたところ、ほとんどの参加者は「笑顔は年齢が下に見える」と答えたのだ。やはり、一般に笑顔はより若く見えると信じられているようだ。しかし前述の実験結果は逆だったので、笑顔による目の周りのシワの影響で年齢が上に見えたのは、実験刺激として使用された顔の平均年齢が二五歳と若かったからかもしれない。そこで、中年者（平均年齢五〇歳：図中段）や高齢者（平均年齢七一歳：図下段）の顔写真を追加して、大学生の参加者に年齢推定をしてもらったところ、若者の写真では笑顔が中立顔よりも年齢が上に推定されたが、高齢者の写真では笑顔と中立顔との推定年齢に差が見られなかったのだ。中年者の写真においては、男性の顔では笑顔がより年上と判断されたが、女性では差がなかった。さらに、目の周りだけの写真で行っても同様の結果だった。若者は笑顔になるとシワが目の周りに突如現れるので、年齢が上に推定されたのだろうとGanelらは考えている。けれども、参加者が大学生だったからこのような結果になった可能性もある。自身の年齢に近い若者の顔写真の年齢推定と、自身との年齢が離れる中年者や高齢者の顔写真の年齢推定には、何か違いがあったのかもしれない。そこで、中年の参加者に写真の顔の年齢推定をしてもらったが、結果は大学生の参加者と一緒だった。

論文[2]の中で、目の周りのシワを「crow's feet」と表現していた。日本語の「カラスの足跡」は英語からの和訳だったようだ。雨上がりに庭で見つけるカラスの足跡は思いのほか大きい。スズメぐらいにしてほしかった。

引用文献

（1） Ganel, T.（2015）. Smiling makes you look older. *Psychonomic Bulletin & Review, 22(6)*, 1671–1677.
（2） Ganel, T. *et al.*（2021）. The effect of smiling on the perceived age of male and female faces across the lifespan. *Scientific Reports, 11(1)*, 23020. doi: 10.10388/s41598-021-02380-21

# 再生の音

うちのあたりでは、正午と夕方に時報のチャイムが流れてくる。正午は「野ばら」で夕方は「ウェストミンスターの鐘」だ。夕方のほうはなぜか音程がひどくズレていて、聴覚過敏気味の夫は「やめてくれ！」と顔をしかめて笑っている。つらいのか楽しいのかどっちなのだろう。小学校や中学校のチャイムも多かれ少なかれズレていた気がするので、ＮＨＫラジオの「音の風景」でズレたチャイムが流れても驚かないなあ。音風景、「サウンドスケープ」は先年亡くなったカナダの作曲家レイモンド・マリー・シェーファーによって提唱された概念で、風景（ランドスケープ）と対置しながら、風景の中にも本来含まれていたはずなのに注目されてこなかった音環境に焦点を当てたものだった。

海の中のサウンドスケープを調査している研究者もいる。[1] インドネシア中央部のスペルモンド群島では、ダイナマイト漁で瓦礫と化したサンゴ礁の再生（マースサンゴ礁再生プロジェクト）が行われている。星型の金属フレームに生きたサンゴの小片を取りつけ、海底に置くのだ。Lamont ら[1]は、復興から一〜三年経ったエリアと、壊滅したままのエリア、そして一度も被害を受けていない健康なエリアを各二カ所選び、サウンドスケープを比較した。目視による調査も行われていて、健康なエリアと

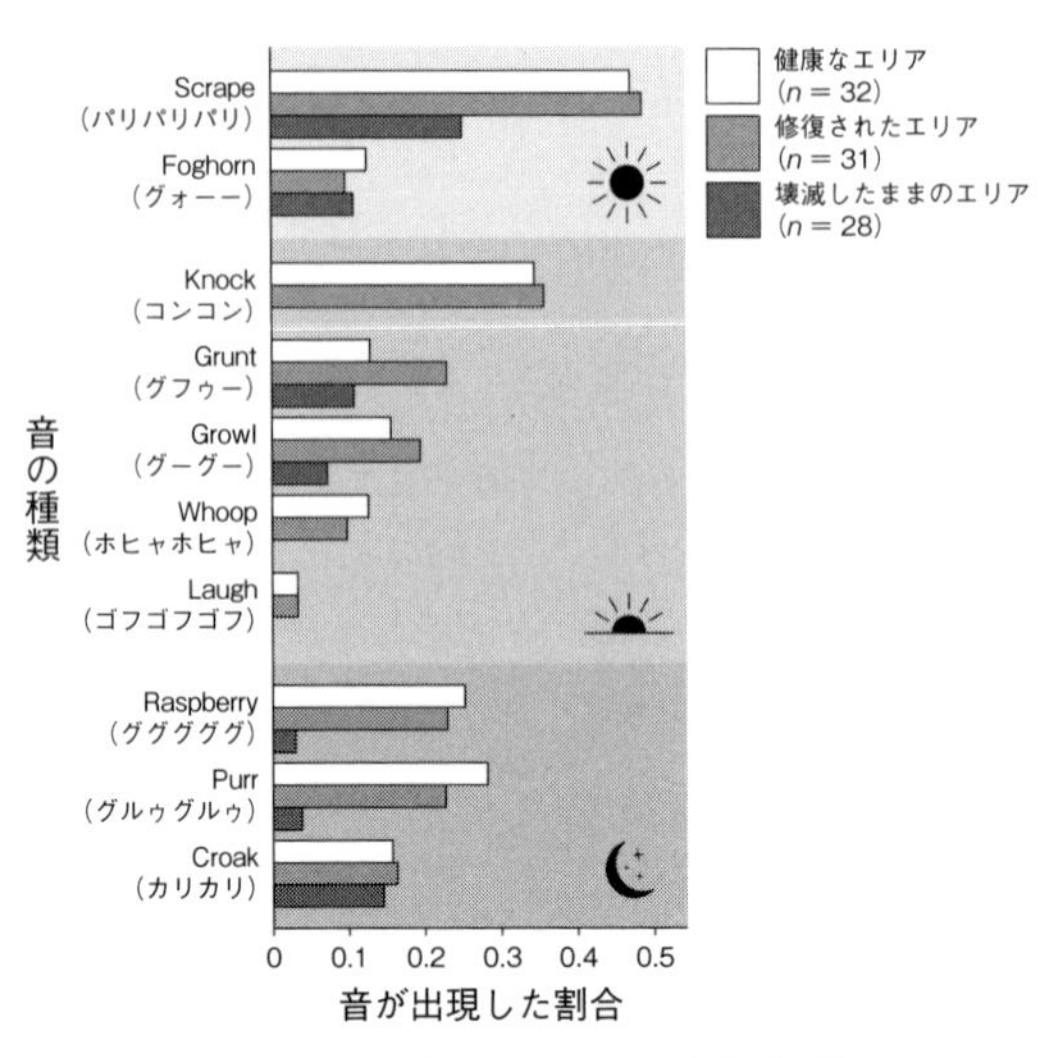


図　サンゴ礁で確認された生物音[1]

実際には音響学的に定義されているが、ここではカタカナで表してみた

修復されたエリアでは、生きたサンゴが海底の六〇～八五パーセントを覆っていたのに対し、壊滅したままのエリアは一〇パーセント未満だった。海洋生物も修復されたエリアで多数確認されたが、目視ではカモフラージュしている動物や夜間にしか出てこない動物を見逃してしまう可能性があるので、サンゴ礁の音に着目したのだ。

二〇一八～一九年に各エリアで一時間の録音を複数回行った（計九一時間）。おもりと浮きの間の垂直ロープに水中マイクをつないで、海底から〇・五メートルの位置に設置した。サウンドスケープは月の満ち欠けと時間帯の両方によって変化することが知られているので、満月と新月の時期、五つの時間帯（日の出、朝、午後、日没、夜）で録音を行った。各生息地でほぼ同数回記録され（図）、時間帯と月の満ち欠けが均等になるように解析された。録音された音を聞き、その波形とスペクトルを参照して一〇種類（https://youtu.be/97M2muq9JQc）を生物音として同定し、各録音に含まれていた音の種類の数を音の豊かさ（phonic richness）と定義した。魚の音声はあまりよく知られていないため、音を出している具体的な生物は特定されていないが、whoop（ホヒャホヒャ）音はニセネッタイスズメダイ（*Pomacentrus amboinensis*）の音声、scrape（パリパリパリ）音はブダイ（*Scaridae*）の餌を食べる音、growl（グーグー）音はイットウダイ（*Holocentridae*）の音声が含まれているという。一〇種類の音のうち七種類は、健康なエリアと修復されたエリアでは、壊滅したエリアの倍以上高い頻度で出現し、健康なエリアと修復されたエリアの音の豊かさに差はなく、音の種類の分布も似ていた（図）。修復されたサンゴ礁は、被害を受けていない健康なサンゴ礁と同じくらい健全に機能している生態系であることが示されたのだ。

Lamontは、「これまではサンゴ礁が劣化して沈黙していくのを聞いていたので、ひどく憂鬱でした。けれどもこの修復されたサンゴ礁では、変化が反対方向に進んでいて、感激しました」と話していた[2]。かつてサンゴ礁だった海の静寂は私には想像することしかできないが、やはりレイチェル・カーソンの名著を思い出させる。「沈黙の春」は陸上に限ったことではないのだ。辺野古の海ではどんな音がしているのだろう。

## 引用文献

(1) Lamont, T. A. C. (2022). The sound of recovery: Coral reef restoration success is detectable in the soundscape. *Journal of Applied Ecology*, *59(3)*, 742–756.

(2) Carrington, D. (2021). Listen to the fish sing: Scientists record 'mind-blowing' noises of restored coral reef. The guardian. (https://www.theguardian.com/environment/2021/dec/08/whoops-and-grunts-bizarre-fish-songs-raise-hopes-for-coral-reef-recovery)

# 瞳は黒曜石

昨年（二〇二一年）行われた「ファラオの黄金の行進（Pharaohs' Golden Parade）」はすごかった。古代エジプトの王一八体と王妃四体のミイラ（古代エジプト第一七王朝のセケンエンラー・タア二世から第二〇王朝のラムセス九世まで）を、首都カイロのエジプト考古学博物館から新たに完成した国立エジプト文明博物館に移すために行われたパレードで、ミイラは一体ずつ特別な緩衝材で保護され、棺のような装飾を施した車両で時代順に並んで行進したのだ。パレードには古代エジプト風の衣装を着た男性やクレオパトラのような女性たち、騎馬隊も登場していたが、それを報道している女性たちのメイクがこれまたクレオパトラ（まぶた全体がトルコブルー、蛇のネックレス）なのだった。この式典なのでそうしているのか、いつものメイクなのかは謎だが、みなさん似合っていらっしゃった。

第一八王朝のアメンホテプ一世（在位：紀元前一五五一～二四年）は、パレードで三番目に行進した。アメンホテプ一世のミイラ[1]（図A）は、第二一王朝時代に墓荒らしにあったために移された場所で一八八一年に発見され、棺に刻まれたヒエログリフによって、アメンホテプ一世の名前が確認されたのだ。アメンホテプ一世のミイラは、現在まで研究者によって包帯を解かれていない数少ない王族のミ

図A　アメンホテプ一世のミイラのマスク[1]

図B　三次元ＣＴ画像[1]

イラの一つである。当時、エジプト考古学者のガストン・マスペロが、ミイラが花輪で完全に覆われていること、顔のマスクが精巧であることから、そのままにしておくことを決定したという（図A）。

マスクと包帯を解かずに、一九三二年と六七年にX線検査が行われ、一度目で年齢は四〇～五〇歳、二度目は二五歳ぐらいと推定されたので、今回、Saleem[1]らは三次元解析が可能なマルチスライスCT（multi-detector Computed Tomography）を使い、アメンホテプ一世の年齢、身体的外観や死因、ミイラ作製方法などを明確にしたいと考えた（図B）。ちなみに、このCTスキャンはパレード以前の二〇一九年に行われ、当時、アメンホテプ一世が収蔵されていたエジプト考古学博物館の庭にCT装置をトラックで運び入れて検査したそうだ。

アメンホテプ一世のミイラはリネンに包まれ、頭から足まで赤、黄、青色の花飾り（ベニバナ、デルフィニウム、セスバニア、アラビアゴムモドキ）で飾られ、頭部はマスクで覆われていた。CTスキャンにより、頭部マスク、リネンの包帯、ミイラという異なる構成要素が可視化され（図B）、アメンホテプ一世は楕円形の顔で、鼻は小さく、上の歯は軽く突き出て、顎は細く、耳は小さく、左耳に小さなピアスが認められた。後頭部と側頭部にほとんど毛髪が見られなかったそうだ。さらに、恥骨結合表面の形態（年齢とともに滑らかになる）や長骨の骨端閉塞状態から（アメンホテプ一世の在位期間が二一年ということをも考慮して）、三五歳で死亡したと推定された。脛骨の長さ（三八九ミリ）から古代エジプト人男性の身長を算出する式（こういう式があるんですね！）を用いて、推定身長は2.554×38.9＋69.12＝一六八・四七センチ±三・〇〇二と算出された。今回、盗掘による死後の傷と修復方法は確認されたが、死因の検出はできなかった。ミイラ化は古代エジプトで三〇世紀にわたって行われ、死者を腐敗から守り、復活させることを目的としていたが、時代や人物の地位によって方法が異なるという。アメンホテプ一世のミイラは、内臓は摘出されていたが、心臓、脳、眼球はそのままだったのだ。

図Aのマスクの目は輝いている。黒目部分は黒曜石の結晶に相当するCT値（一六九三〜一七〇〇HU）で、均一な円盤状構造でできていた。白目部分は、より高密度な素材（二四〇〇HU）、おそらく水晶で、二つの別々の三角形片が配置され、精巧に作られている。体内や包帯内から三〇個ものお守りや宝石が見つかったが、その中には「ホルスの目」もあったという。

### 引用文献

（1）Saleem, S. N. *et al.* (2021). Digital unwrapping of the mummy of king Amenhotep I (1525-1504 BC) using CT. *Frontiers in Medicine*, 8, 778498.

# 唾液の関係

東京の友人が仕事でしばらくこちらに来ていたので、一緒に食事をした。かなり久しぶりの外食だ。以前からお世話になっている、とてもおいしくて、にぎやかなエリアからは少し離れた四川料理屋さんに予約をして待ち合わせた。友人との再会を喜び、素晴らしい料理にうっとりしながら、いつもなら大皿で出てきてシェアする前菜の一品が一人分ずつ取り分けられていることに気がついて、ああ、この頃はそういう配慮も必要なんだなあと思った。件の料理の名前は中国語では「口水鶏」、「よだれ鶏」という。

Thomas らは[1]、五〜七歳の子ども（一一三人）に漫画を呈示しながら質問した。女の子がストローでジュースを飲んでいる。そこに女の子のきょうだいと友達がやってくる。実験者は、「見て！ 女の子はストローでジュースを飲んでいるわ。女の子は誰（きょうだいか友達）とジュースを分け合うと思う？」と子どもたちに質問するのだ。すると子どもたちは、友達よりもきょうだいを選ぶことが多かった。男の子がソフトクリームをなめている漫画が呈示され、そこに友達ときょうだいがやってきて同じソフトクリームをなめる相手を聞かれたときも、子どもたちは友達よりもきょうだいをより高

図　実験方法[1]

頻度で選んだ。ところが、キックボードやおもちゃを共有する相手の選択では、友達ときょうだいのどちらか一方をより選ぶといった偏りは見られなかった。食べものでも、葡萄のような分割可能なもののときには共有相手の選択に偏りは見られなかったので、子どもたちがきょうだいを選んだのは、ストローを共有するときや同じソフトクリームをなめ合うとき、つまり、「唾液」が共有される場合だったのである。

そこで、年齢を下げ、生後八カ月半〜一〇カ月の乳児と一歳四カ月〜一歳六カ月の幼児で、唾液の共有と社会的行動との関連を調べた。図の、パペットの左にいる女性は、みかんの同じ一房をパペットと食べ合い、右の女性はボールのやりとりをパペットとする（交互に各四回呈示）。その後、パペットが泣き崩れる。すると乳幼児たちは、みかんの同じ一房を食べ合った女性を（ボールをやりとりした女性よりも）最初に見て、さらに長い時間見たのだ。次に、左右の女性たちとやりとりをしたパペットは退場し、ほかのパペットが登場して泣いたときには、どちらか一方の女性を特に見るという傾向はなかったし、パペットが退場して女性二人だけになり、二人の女性が同時に「いないいないばあ」をしたときにも、どちらか一方の女性を特に見るといったことはなかった。また、パペットが泣くのではなく「ボール」と言ったとき（幼児でのみ行われた）には、ボールをやりとりした女性を最初に、そしてより長く見た。最後の実験は食べものを介さない。女性は自分の指を緑のパペットと自分の口に交互に入れる。次に、同じ女性がピンクのパペットと自分の額に指で交互に触れる。その後、女性は「Oh No」と言って机に突っ伏す。すると乳幼児は緑のパペットをピンクのパペットより長く見たのだ。また、幼児については緑のパペットを最初に見ていた。これらの結果から、乳幼児たちは、落ち込んだパペット（あるいは女性）に唾液を共有した相手が反応することを期待したと考えられる。生後八カ月半〜一〇カ月の乳児はすでに、「唾液」の共有と濃い関係（thick relationship）とを関連づけているようだ。実験に参加した乳幼児らの両親に質問したところ、子どもは友人や教師よりも核家族との「唾液」の共有の頻度が高いと答え、核家族との唾液の共有は、友人や教師との唾液の共有より不快ではないと答えた。「唾液」の共有に関する両親の答えと、唾液の共有と濃い関係を結びつけた乳幼児の実験結果はつながっているようだ。

「固めの盃」などはむしろ直接的だが、「同じ釜の飯を食う」ということばにも似たようなニュアンスがあるのだろう。「唾液」を共有し合う相手を認識してそれを社会的関係の手がかりとすることは、儀礼を越えて、発達の初期から重要なのかもしれない。昔、ちょっとしたケガをして大げさに泣いている子どもに、「んなもんツバつけときゃ治る！」と言って半ば揶揄しながらなだめていたのは、今から考えるとその雑さに感動すら覚えるが、それが誰か本人以外のツバだったらそれなりにドキリとする。映画「MOTHER マザー」（大森立嗣監督、二〇二〇年）で、息子のすりむいた膝をべろりとなめて、共犯者のような笑顔を見せる長澤まさみさんの演技が妙に印象に残るのは、多分そういうことだ。

**引用文献**

（1） Thomas, A. J. *et al.* (2022). Early concepts of intimacy: Young humans use saliva sharing to infer close relationships. *Science*, *375*, 311–315.

## デフォルトは男性？

チュクチ海（北極海の一部）にコリュチン島（Kolyuchin island）という小さな島がある。その島の廃墟となった建物の窓からホッキョクグマ（シロクマ）が顔を出している写真を見た（https://www.dmitrykokh.com/polar-bears）。まるで自宅でくつろいでいるかのような姿に笑ったが、写真に登場するシロクマを何頭も（二〇頭ほどいたらしい）見ていて気がついたことがある。私はシロクマたちをオスとして見ていたのだ。顔からシロクマの性別を判断してオスだと思ったのではない（そんなこと私にはできない）し、写真のシロクマが全部オスである可能性も低いだろう。多分、子どもを連れていたらメスと思うのだが、それ以外は全部オスになるようだ。何とも不思議。

月の表面にウサギを見るような、本来は存在していないのに、よく知ったパターンを見てしまう錯覚をパレイドリアという。ヒトは図左（顔のパレイドリア）のような写真に幻の顔を見るが、アカゲザルも同様に幻の顔を見る（「サルにも『萌えキャラ』が見える」『飛ばないトカゲ』九六ページ）ことから、漫画やイラストで非生物を擬人化したものを頻繁に見ているからパレイドリア現象が起こるのではないと考えられている。顔のパレイドリア現象は顔の誤検出と言えるだろう。社会的な動物にとって、

環境の中から顔を選択的に瞬時に検出することは重要だ。顔検出システムが非常に鋭敏だからこそ生じるのがパレイドリア現象なのだ。

Wardleら[1]は、図左のような、人工物や自然物の顔のパレイドリア（幻の顔）の写真を二五六枚集め、参加者に各写真の顔の年齢、性別、感情をたずねた。すると参加者は年齢、性別、感情を答えたのだ。ヒトは幻の顔に出会ったとき、顔という特徴だけを見ているのではなく、年齢、性別、感情も知覚しているのである。さらに驚いたことに、幻の顔の八割が「男性」と判断されたのだ。幻の顔が「男性」に見えてしまうバイアスはどこから来ているのだろう？

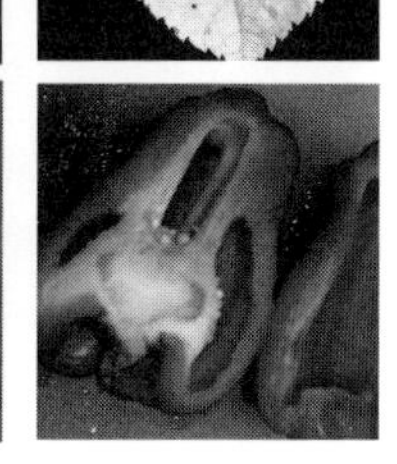
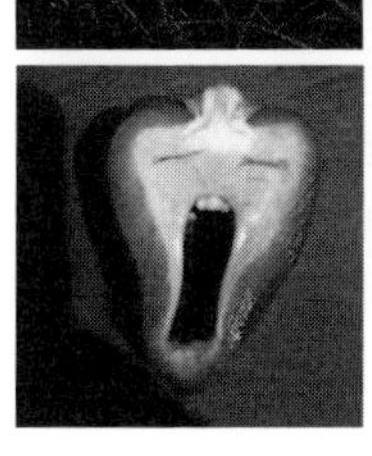
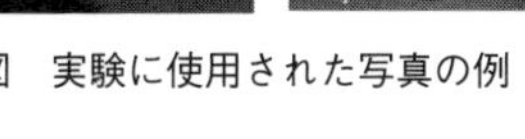

図　実験に使用された写真の例[1]

そもそも物体そのものや物体の名前が男性に見えるのかもしれない。そこで、パレイドリアを引き起こさない物体（図右）や物体名（「LEAF」など、文字で呈示）の性別を参加者に判断してもらったが、物体や物体名を女性より男性とするバイアスは見られなかったのだ。あるいは、色彩（呈示したのはカラー写真だった）が性別判断に影響した可能性もあるので、図のようなグレースケールで再度テストしたが、男性バイアスは依然として存在したので色の影響ではない。もしかすると、性別が不明な場合に「男性」と答えてしまう傾向があるのかもしれない。それを調べるために、性別が不明なヒトの顔を作成して、参加者に性別を答えてもらったが、男性バイアスは見られなかった。最後に、画像の直線性や曲率を調べたが、これでも男性バイアスを説明できなかったのである。幻の顔が「男性」に見えてしまう理由は、画像の特徴（知覚）では説明できそうにないので、Wardleら[1]は認知レベルで生じている現象で、ヒトの社会では男性がデフォルトの性別と見なされていて、顔が知覚されると「男性」という概念が呼び起こされるのかもしれないと考えている。幻の顔に、さらなる視覚的特徴（まつげや長い髪や赤い唇など）が付加されて、男性でないことを示唆しない限り、顔の性別は男性となる。つまり、「キティちゃん」が女の子に見えるのは、赤いリボンがあるからかもしれない。

「男性がデフォルト」は、幻の顔やヒトの顔に限るのだろうか。シロクマの顔がオスに見えてしまうのも同じ現象かもしれないが、「男性がデフォルト」の謎はまだまだ続く。

引用文献

（1） Wardle, S. G. *et al.* (2022). Illusory faces are more likely to be perceived as male than female. *Proceedings of the National Academy of Sciences of the United States of America, 119(5)*, e2117413119.

# テッポウウオの「ジュッ」

テッポウウオのことはもちろん知っていたが、今回論文を読んで「口から水を『ピュッ』と……」と興奮して夫に話したら、「音は『ピュッ』じゃなくて『ジュッ』な」と訂正された。何を言っているのかと思ったら、子どもの頃、飼っていたことがあるらしい。水槽の上で造花を振って、水を噴く様子を眺めていたそうで、と言ってもだましているような後ろめたさと、何より部屋が水浸しになるのでそんなに頻繁にはやらなかったけど、と言い訳がましいことを言っていた。動画で見ると、たしかに子どもの頃遊んだ水鉄砲のような音がする。

テッポウウオは体長一〇～三〇センチほどだが、水面の上一メートルも水を飛ばせるらしい。陸上植物の葉にとまるクモや昆虫めがけて水を噴射し、水中に落として食べたり、水面上にジャンプして口で昆虫を捕らえたり、水中の小動物だって食べる。振られた造花に反応するように、動きへの反応の要素も大きいだろうが、ほかの手がかりも利用可能なのだろうか。

Volotsky ら[1]は、テッポウウオ（*Toxotes chatareus*）の訓練から始めた。水面から三〇センチほど上にモニタを置く（図左）。白い背景の中央に黒い四角が点滅した直後、黒い円が現れる。一五秒以内に

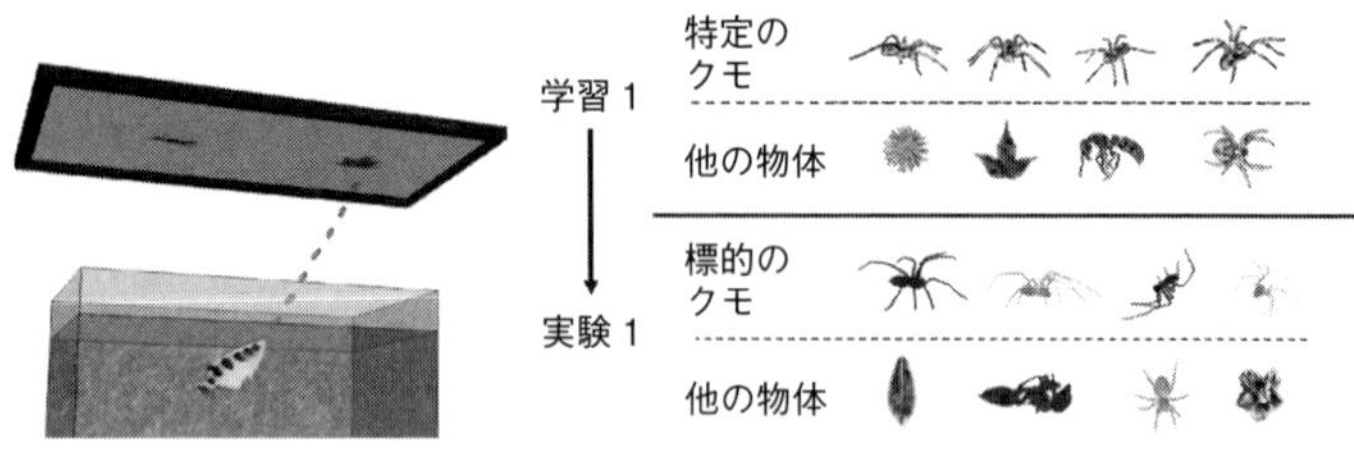


図　テッポウウオの実験の方法[1]

黒円に水を噴射したら、ご褒美のペレットが与えられるのだ。一セッション二〇試行を週に二〜三セッション行い、八割以上の試行で水を噴射したら訓練終了とした。次は学習。モニタ画面に二種の画像（テッポウウオの生息している地域にいるクモや昆虫や植物のグレースケール画像）、特定のクモ一匹と植物などが呈示される（図の学習1）。正解は特定のクモ（ただし毎回角度が異なる）なので、特定のクモに水を噴いたら餌がもらえる。三セッション連続して七割以上正解したら学習完了とし、五〜一〇セッションですべてのテッポウウオが通過した。実験1は特定のクモを学習したテッポウウオ四匹で行った。学習セッションとは異なる一匹のクモが標的とされた。標的の大きさや角度やコントラストは毎回変わり、常に新奇な画像としてモニタに呈示される。標的のクモと一緒に呈示されるほかのクモや植物や昆虫画像も毎回新奇なものだ。一〇セッション（二〇試行／セッション）行ったところ、平均七割以上、標的のクモに水を噴いた。他のクモと対にした試行でも成績は変わらなかった。アリを学習したテッポウウオ四匹で同様の実験をしたところ、こちらも七割以上正解した。テッポウウオは、角度や大きさやコントラストが変わっても、同一のクモやアリを選択できたのだ。

実験2では、「昆虫やクモ」と「花や葉」の二つの分類群を区別できるかを調べた。学習セッションで「昆虫やクモ」を選ぶと餌がもらえることを学習したテッポウウオ五匹に、実験セッションでは新たな昆虫やクモの画像を使う。するとテッポウウオ五匹は初めて見る昆虫やクモでも、それらを選んで水を噴いた。「花や葉」を選ぶと餌がもらえることを学習したテッポウウオ五匹も、実験セッションで新たな花や葉に水を噴いた。

テッポウウオは、学習した画像から般化して、初めて見る昆虫やクモ（あるいは花や葉）を「昆虫やクモ（あるいは花や葉）」に分類することができたのだ。そこで、異なる種類の情報を分類・学習するサポートベクターマシンを用い、テッポウウオの意思決定プロセスを再現して、テッポウウオが動物と植物を区別するのに必要な特徴を探ったところ、物体表面のきめや質感よりも、物体を取り囲む輪郭やその形状のギザギザやなめらかさの度合いを使っていたことがわかった。さらに、テッポウウオが不正解したときを調べたところ、特定の画像に依存していなかったので、選択におけるエラーのほとんどは情報処理時ではなく行動実行時のノイズによるのだろうとVolotskyらは考えている。

テッポウウオの噴水行動を使った実験は、一九七〇年代末にはあったようだ[2]。動物の行動レパートリーを適切に利用してその内的メカニズムに迫る実験はやはり美しい。「あの頃の自分には、まだ『エソロジーとオペラントのこころ』が宿っていなかった……」と八〇年代に造花を振っていた夫は悔しがっていたが、あとの祭りである。

## 引用文献


（1） Volotsky, S. *et al.* (2022). Recognition of natural objects in the archerfish. *Journal of Experimental Biology, 225 (3)*, jeb243237.

（2） Waxman, H. M. *et al.* (1978). Auto-shaping in the Archer Fish（*Toxotes chatareus*）. *Behavioral Biology, 21*, 541-544.

# クジラの歌は透視力

車で食料品を買いに行った。いつもの坂道を下っていたとき、「あれ？　海が見える」と夫の指さすほうを見ると、遠くに青い海が小さく見えた。今まで気がつかなかったなあと思っていると、「何度も通っている道の、しかも正面なのにおかしい……そうか、最近までは（山とか林とか）『何か』あったんだ！」と夫が言った。デビルマンのような透視力のないヒトは、「何か」の向こうにある海を想像できたとしても実際に見ることなんてできない。ところが、クジラの歌を使うと、直接見ることのできない海底深くの構造を見ることができるという。

二〇一二〜一三年にかけて、海底に五四個の地震計（ocean bottom seismograph：OBS）が地震活動の記録のために設置された。チェコ科学アカデミー地球物理学研究所のKunaとオレゴン州立大学のNábe'lekは、オレゴン州沖のブランコトランスフォーム断層帯付近のOBSを調べていたとき、クジラに対応する強い信号に気づいた[1]。それはナガスクジラ（*Balaenoptera physalus*）の鳴き声だった。ナガスクジラは絶滅危惧種で、約一〇万個体が極地から赤道海域まで世界中の海に生息している[2]。その音声は大型船並みの音量で一八九デシベルにもなり、数百マイル先まで届く。以前からナガスクジ

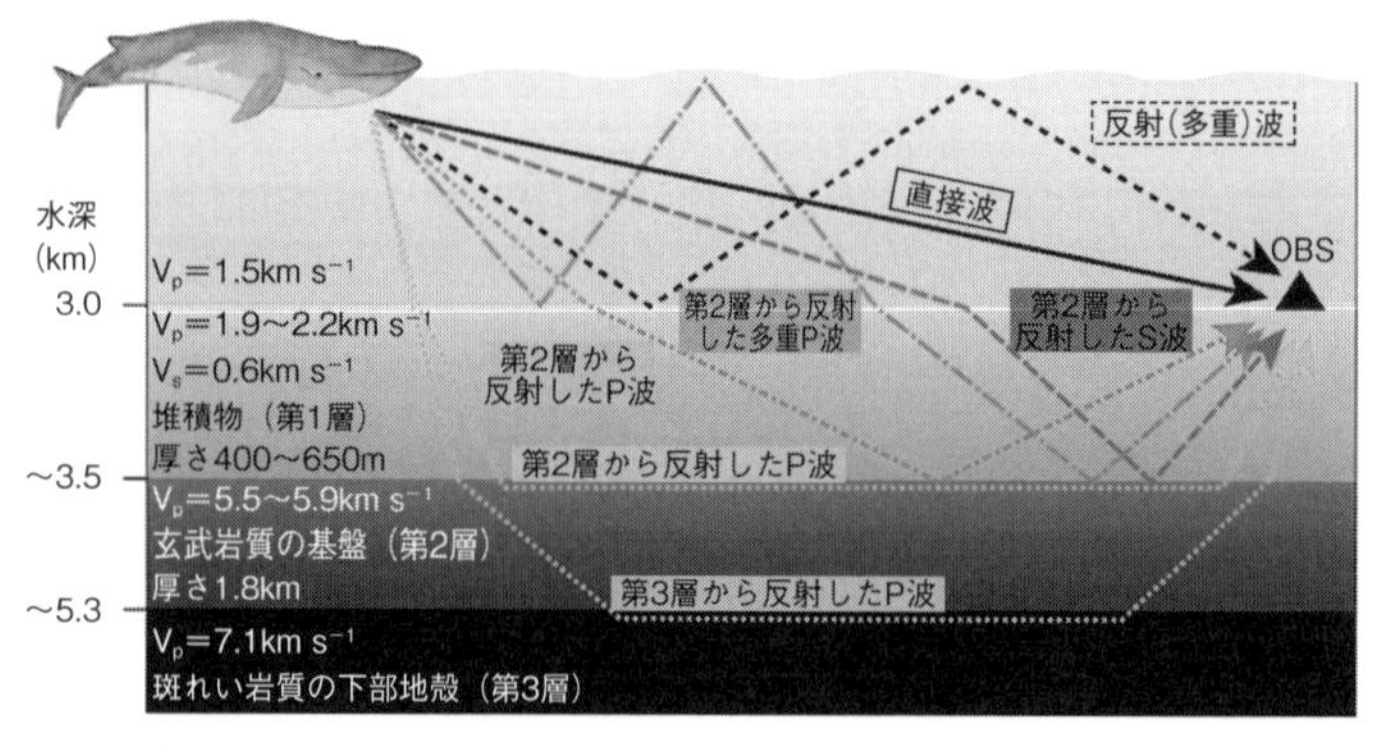


図　ナガスクジラの歌声が各地層で反射されOBSに記録される（提供：Václav M. Kuna）

ラの音声がOBSに記録されることは知られていたが、その数が多いことと、長いと一〇時間にも及ぶことから、Kunaらは三カ所のOBSで記録された六つのナガスクジラの歌を分析して、地殻の構造を見ることを思いついたのだ。六つの歌の長さは二・五～四・九時間で、クジラは歌いながら平均速度二・二～五・六ノット（毎時四・一～一〇・三キロ）で一六～三八キロを移動していた[2]。また、歌は主に二つの異なるタイプ（二〇～二五ヘルツと一五～二〇ヘルツ）の音声で構成されていた（動画——https://www.youtube.com/watch?v=yurmOoHvWkU　※一五倍速のため実際より音が高く短い）。高周波数帯域の背景雑音が少ないことから、二〇～二五ヘルツの音声を分析対象とした。

ナガスクジラの音声は水中を伝わり、海底に衝突すると、音声のエネルギーの一部が地中に浸透する（図）。その後、地殻内の層で反射・屈折を繰り返し地表に戻ってきて、OBSに記録される。記録されたデータからクジラとOBSの距離を求め、戻ってくる音波を測定することで、地殻の構成と厚さを決定することができるのだ。最も目立つ音波は水上波で、直接波と反射（多重）波。これら水上波に加えて、玄武岩質の基盤（第2層）での音波の反射や屈折、斑れい岩質の下部地殻（第3層）での屈折による四つの音波が確認された（図）。ここから複雑な計算をして得られた地殻の構成と層の厚さは、過去に地質学者が観測したものと一致した。ナガスクジラの歌声を使って地殻構造を見ることができたのだ！

従来、海洋地殻の調査にはエアガンが用いられてきた。エアガンは高圧の空気を放出することによって、海中で人間が作り出した最も大きな音の一つを発生させる。エアガンは海洋に騒音公害をもたらし、高価で環境にも優しくない[1]。クジラなどの動物を苦しめ、鳴き声を妨害することがあるのだ。ナガスクジラの歌は周波数帯域が狭いためエアガンほど解像度は高くないが、マッコウクジラのようなより高い周波数帯域を持つクジラの歌声を使うことで海底の地殻構造研究に利用できるだろうとKuna らは考えている。世界中の海にいるクジラの歌声を使って地殻を調べる。なんて美しい方法なのだろう。


引用文献

（1）Nield, D.（2021）. The haunting music of whale song is an ocean of untapped seismic data, scientists say. *Science Alert*, 16, February.（https://www.sciencealert.com/whale-songs-could-help-with-scientific-studies-of-earth-s-crust）

（2）Kuna, V. M. *et al.*（2021）. Seismic crustal imaging using fin whale songs. *Science*, *371*, 731–735.

# 遠くへ行きたい

勤めていた企業の研究所が閉鎖になって入り直した大学院の研究室はいろいろな生物を相手にしていたが、ある日、後輩に「クマムシ、見ますか？」と声をかけられた。クマムシが何か知らないまま顕微鏡をのぞいたら、そこにいたのはガチャピン（「ひらけ！　ポンキッキ」のキャラクターです）だった。「ガチャピンってクマムシだったんだ」と思うくらい似ていたが、クマムシには足が八本あったので多分違う。こんな小さい足で何をするのだろうと不思議だった。一八世紀の文献に、ドイツでは「Wasserbären（wasser＝水、bär＝クマ）」、イタリアでは「il tardigrado（tardo＝のろい、grado＝歩み）」として登場する生物[1]の和名がクマムシで、名前の通りクマムシはゆっくり歩く。ヤマクマムシ属の *Hypsibius exemplaris* の歩き方を詳細に調べた論文[1]が昨年発表されたが、その歩きっぷりのかわいらしさはただごとではない（動画――http://movie-usa.glencoesoftware.com/video/10.1073/pnas.2107289118/video-3）。

約一二〇〇種が確認されているクマムシは、体長〇・一～一ミリほどで、「虫」ではなく（もちろんガチャピンでもなく）、「緩歩（かんぽ）動物」だ。周りに水がないと活動できないのに、泳げない。体長一ミリよ

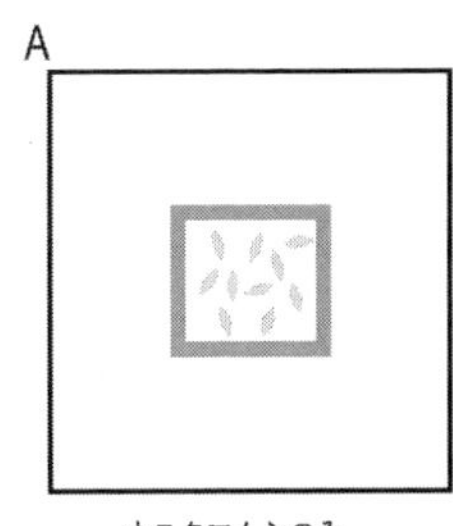

図　オニクマムシがカタツムリに乗って移動するか検証する実験[2]

り小さい生物の多くは鞭毛や繊毛を使って泳ぐのだと『ゾウの時間ネズミの時間』（本川達雄、中央公論新社、一九九二年）に書かれていたギリギリの線で、クマムシは足を持つ最も小さい生物なのだ。動画のクマムシの歩行速度は平均毎秒〇・一六±〇・〇五ミリだった[1]。一秒で体長の半分ほどしか進んでいない。ゆっくり歩くにしても限度がある気もする。

広く知られているようにクマムシは、体内の水分がほぼ完全に失われた乾眠状態のまま数年たっても、再び水が利用可能になりさえすれば水を吸収して再生する。乾眠状態でなら、風に乗って拡散したり、鳥に連れられて長距離を移動したりすると考えられるが、着いた先の環境が読めない点でギャンブル的要素は否めない（生きるということ全般がそうと言えばそうとも言えるが）。しかし、確率は高いに越したことはない。一九六〇年代にカタツムリの排泄物から生きたクマムシが発見されていることから、Książkiewicz ら[2]は、カタツムリに乗れば湿り気のある適した環境に移動できるのではないかと考え、オニクマムシ属の *Milnesium inceptum*（以下、オニクマムシ）と同所に生息しているモリノオウシュウマイマイ（*Cepaea nemoralis*：以下、カタツムリ）

で実験をした。歩くのが遅いと思われているカタツムリは、一時間で二五メートル進む。オニクマムシは一時間で約二〇ミリなので、カタツムリはオニクマムシにとって、ものすごく速い「乗り物」になる。

オニクマムシはコケの表面にも中にも満遍なく存在し、乾燥コケ一グラムあたり一〇六三匹もいたので、コケの上を歩くカタツムリの体に付着する可能性は高い。そこで、プラスチック製の箱の底に高さ〇・五センチのシリコン枠を置き（図）、水をその枠内に二・五、枠外に七・五ミリリットル入れた。次に活動しているオニクマムシ一〇匹を枠内に入れ、条件Cではその上にコケを置いた。最後に条件BとCの枠外にカタツムリを一匹入れた（各条件三〇回、毎回新たなオニクマムシとカタツムリで実験）。室温一七度、湿度八〇パーセントの部屋で七二時間後、実体顕微鏡でシリコン枠内外のオニクマムシを数えると、条件Aで枠外に移動したオニクマムシは三〇〇匹中ゼロ匹、条件Bでは三八匹、条件Cでは一二匹だった。オニクマムシはカタツムリに乗って移動したのだ！

とはいえ、移動した個体の半数以上が死んでしまった。生存率が上がるかもしれないので、乾眠状態のオニクマムシの上をカタツムリに歩かせ、しばらくした後に水分を与えてみたが、こちらも半数以上が再生せずに死んでしまった。カタツムリの粘液の乾燥の速さや成分が原因らしい。風にしろカタツムリにしろ、オニクマムシにとっては生死をかけた遠出のようだ。しかし、広く移動し交配することで遺伝的多様性が高まり、環境変化への適応の可能性が（結果的に）上昇すると考えられる。

「遠くへ行きたい」と考える私たちとは別の話で、クマムシを含め、命がけで移動する多くの生物の「旅」には願望や憧憬などといった心理的基盤は多分ないのだろう。しかし、人類が行ってきた旅にも、もともとはそんな基盤などなかったのかもしれないと考えると、やはり同じような話なのかもしれない。


## 引用文献

（1） Nirody, J. A. *et al.* (2021). Tardigrades exhibit robust interlimb coordination across walking speeds and terrains. *Proceedings of the National Academy of Sciences of the United States of America, 118*(35), e2107289118.

（2） Książkiewicz, Z. *et al.* (2022). Experimental evidence for snails dispersing tardigrades based on Milnesium inceptum and Cepaea nemoralis species. *Scientific Reports, 12*, 4421.

# 目を開けて眠るサメ

新緑の季節だ。「柿の木の新芽が目の大きさになる頃が一番眠いんだよ」と近所のおばあちゃんが言う。本当にその通りで、昨日なんて一二時間も寝てしまった。いつも大体一〇時間は眠るので、二時間増えたところで大したことではないような気もするが、一二時間は一日の半分だと考えると、ちょっと寝すぎかなとも思う。それにしても、生物はなぜ眠るのだろう。「眠るヒドラ」（二七ページ）で脳のないクラゲやヒドラが眠ることを示した研究を紹介したが、なぜ眠るのかは謎のままだ。多細胞生物のヒドラは眠るけれど、単細胞生物は眠らないのだろうかと気になってしまい、ぬか床をかき混ぜながら乳酸菌は眠るのだろうか、パン生地をこねながら酵母は眠るのだろうか、といちいち考えてしまう。

日本近海にナヌカザメ（*Cephaloscyllium umbratile*）というサメがいる。ナヌカザメ（七日鮫）という名前は、水から揚げられた状態で七日間生き抜いたという言い伝えから来ているらしい。古事記や万葉集の仮名を見ると「七日」は「なぬか」となっているので、奈良時代から「なぬか」と発音していたのだ。数十年前の西日本でも「なぬか」と発音していたようだが、今では「なのか」と発音するこ

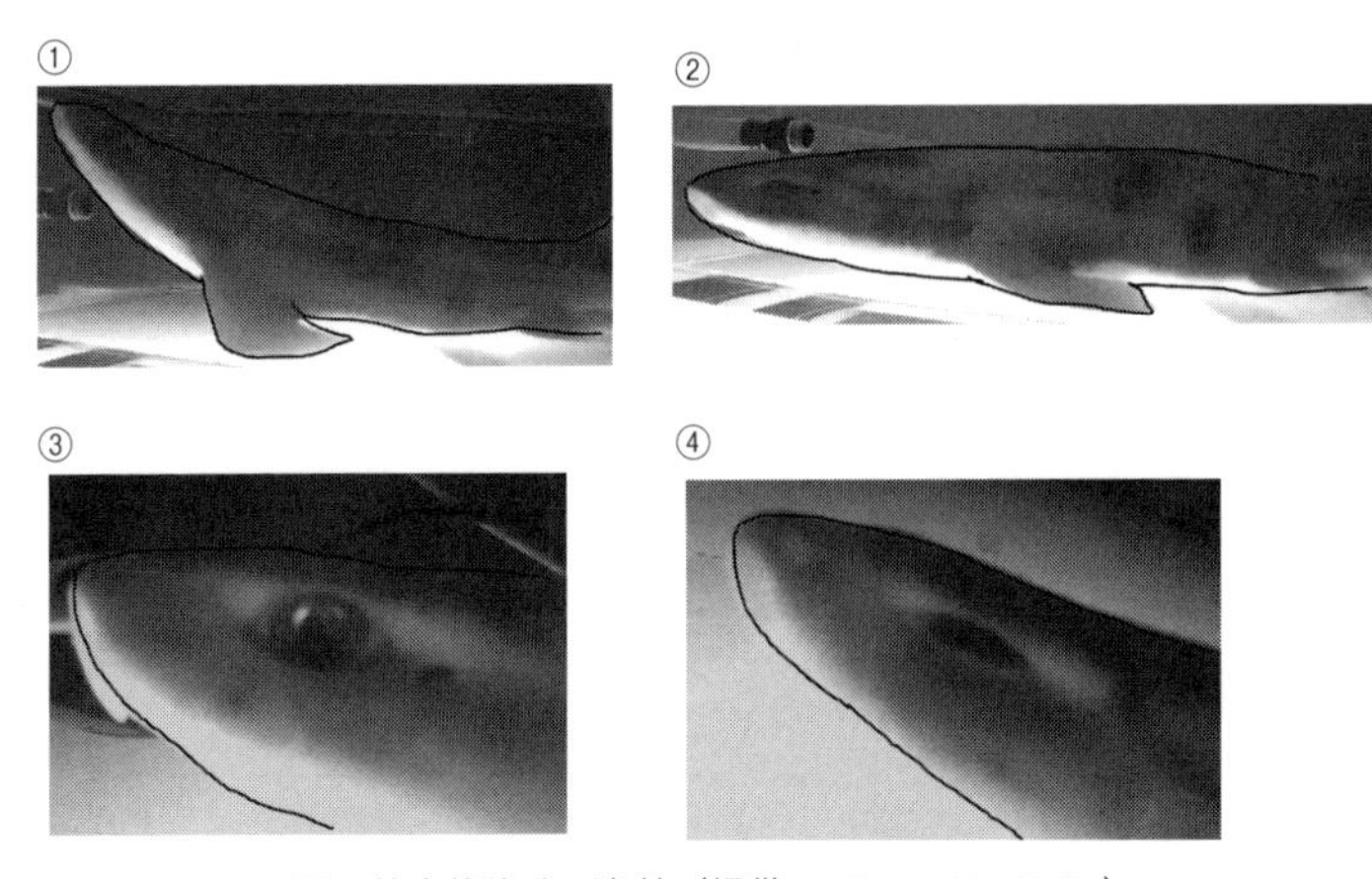

図　静止状態時の姿勢（提供：Michael L. Kelly）
①胸びれで状態を起こす　②平らに横たわる　③目を開けている　④目を閉じている

とが多い。「なのか」は東日本で生まれた、わりと新しい発音らしい。いつかナヌカザメもナノカザメになってしまうのだろうか。

ニュージーランドには、ニュージーランドナヌカザメ（*C. isabellum*）がいる。ナヌカザメによく似ているが別種だ。「ニュージーランドナヌカザメは眠る」と言われたところで、クラゲやヒドラが眠るのだから今さら驚かないだろう。しかし、このサメにはまぶたがあるのに、目を開けたまま眠るのだ。

クラゲやヒドラと同様の方法で、Kellyら[1]はニュージーランドナヌカザメ（以下、サメ）の静止時が睡眠を反映しているかどうかを調べた。単に静止しているサメに刺激を与えたらすぐに反応するだろうが、睡眠中であれば刺激への反応が鈍くなる。そこで、水槽の両端に大型電極を設置し、電気パルスを〇・五秒間流した。最初は〇・五ボルトから始め、〇・五ボルト刻みで一一ボルトまで上げていく。活動中のサメは一・五ボルトで反応したが、五分以上静止しているときは一一ボルトでも反応しなかった。サメが五分以上静止しているときは、眠っているのだ。昼も夜も関係なく、ちょこちょこ眠るそうだ。

そこで、サメを自然光条件下の屋外水槽で飼育し、代謝率および行動を記録した[2]。目は開いている（図③）か、閉じている（図④）か、静止中のサメは胸ビレで上体を起こした姿勢（図①）か、水槽の底に平らに横たわる姿勢（図②）かを記した。活動状態は、遊泳、休息（五分未満の活動停止）、睡眠（五分以上の活動停止）とした。その結果、サメの酸素消費量は睡眠中に有意に低く、遊泳中に最も高く、休息はその中間だった。遊泳中のサメは常に目を開けていた。休息中も目を開けていることが多かった。また、姿勢の変化も睡眠と関連しており、睡眠中のサメは平らに横たわる（図②）のに対し、休息中は胸びれで上体を起こしている（図①）ことがわかった（哺乳類の睡眠に似ている）。ところが、日中の睡眠時と日中の休息時では閉眼が多かったが、夜間の睡眠時の約三八パーセントで目を開けていたのだ。サメが目を閉じるのは、睡眠よりも光によるのかもしれない。

夜は暗いのだから目を閉じる必要はないのだと言われれば、そうかもしれない。そう言えば、目を開けて眠る友人を見たことがある。ヒトも目を開けたまま眠ってもいいのかな？　いやいや、待て待て、サメは水の中だ。目を開けたままでも目が乾いたりしないが、陸上の動物は目が乾いてしまうだろう。ヒトは目を閉じて寝たほうがいいと思うよ、友よ。

引用文献

（1） Kelly, M. L. *et al.*（2021）. Behavioural sleep in two species of buccal pumping sharks（*Heterodontus portusjacksoni* and *Cephaloscyllium isabellum*）. *Journal of Sleep Research, 30(3)*, e13139.
（2） Kelly, M. L. *et al.*（2022）. Energy conservation characterizes sleep in sharks. *Biology Letters, 18(3)*, 20210259.

# 好き・嫌い・好き……

わが家では毎朝抹茶を飲む。夫が点てるが、お茶を習ったわけでもなく適当である。茶碗も適当に取り替えながら好きなのを使っているが、先日は、何年か前にイギリスのリンカーンという街で夫が買ってきた明時代の呉須茶碗だった。なぜか見込み（内側）に漢字で「二」と書かれている。なぜ「二」なのだろう。「二」以外の数字もあって何番かまで揃いだったのかもしれないが、当時の明国では「二」が何か意味のある数字だったらおもしろいなとか勝手に妄想を膨らませてみたりする。二は唯一の偶数の素数だ。だからどうしたということはないが、何となく特別っぽい気もするし、そもそも、整数を素数とか偶数とか奇数に分類するのはなぜだろう。

偶数と奇数に分類することは、抽象的な数学的概念なので、たとえば視覚的に異なる図形や顔を見分けることよりも難しいとされ、偶数／奇数の分類ができるのはヒトだけだと思われていた。しかし、Howardら[1]は、ゼロを使えて、単純な足し算と引き算ができて、大きさと数の概念を関連づけることができるセイヨウミツバチ（*Apis mellifera*）なら、偶数／奇数分類も可能なのではないかと考えたのだ。フランスのトゥールーズにあるポール・サバティエ大学の巣箱から、二六匹のセイヨウミツバチ

が実験に参加した（ハチの胸部に個体ごとに異なる色をつけて識別）。正方形の白いカードに、図形（円・三角・菱形・四角）を一〜一〇個描き（図形の表面積、周囲長、空間周波数、配置などは偶数／奇数分類の手がかりにならないようにした）、円盤に貼った（図A）。各カードの下にはハチがとまれる板がついている。ハチは偶数を学習する群（一二匹）と奇数を学習する群（一三匹）に分けられた。図Aは偶数学習段階の例で、偶数個のカードの板には甘いショ糖液が、奇数個のカードの板には苦いキニーネ液が置かれている。奇数学習段階ではその逆だ。実験は四部構成（図B）で、選好テスト、学習段階、学習テスト、転移テストからなる。「ハチは偶数が好き」なんてことがないとも限らないので、学習段階の前に、四枚のカードの板の上に水滴を置いて偶数／奇数選好を調べた（ハチが水滴に触れたら「選択」と

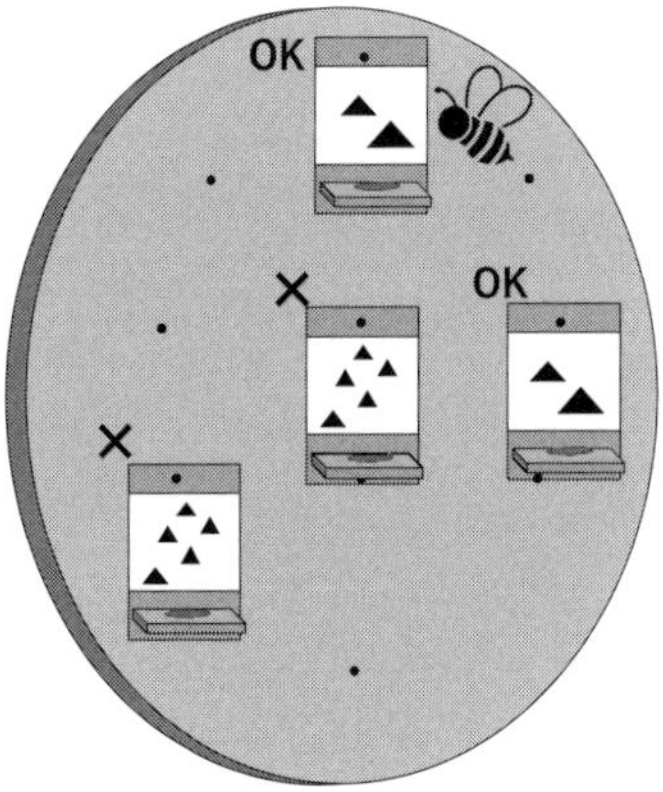

図A　実験装置

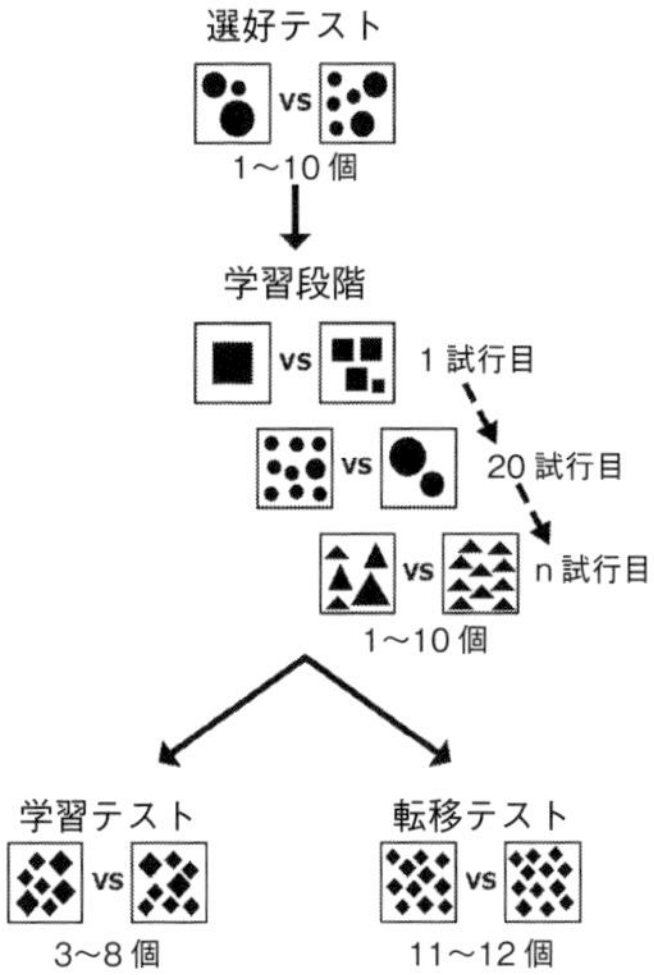

図B　実験手順[1]

した）が、いずれかに偏った選好は見られなかった。次の学習段階では一～一〇個の図形（三種のみ）が描かれたカードを使う。二〇試行より後の連続した一〇試行で、八割以上正解したら学習完了とした。二六匹すべてのハチが七〇試行以内で通過した。偶数群では平均四九試行、奇数群では平均三六試行で、奇数群のほうが有意に少ない試行数で基準に達した。

学習テストでは、学習段階で使用されなかった図形と個数（三～八のいずれか）と配置を使い、無報酬の水滴で二〇試行、転移テストでも学習段階で使用されなかった図形で個数を新たに一一と一二として、水滴で二〇試行行った。正解率はどちらも約七割だった。ハチは偶数／奇数の概念を学習し、学習段階内外の新規の数字に同様の精度で転移できたのだ（動画――https://www.youtube.com/watch?v=0dMRzGQKKLU）。

そこでHowardら[1]は、わずか五個のニューロンからなる簡単な人工ニューラルネットワークを構築し、このネットワークに〇～四〇パルスの信号を与えた。すると、一〇〇パーセントの精度でパルス数を偶数／奇数に分類したことから、偶数／奇数分類は原理的にヒトのような大きく複雑な脳を必要としないことがわかったのだ。ミツバチが同じメカニズムで課題を解決したとは限らない。とはいえ、偶数／奇数分類という複雑に見える課題を、ミツバチは大規模で複雑な神経ネットワークを要求しない方法で解決している。

奇数群のハチのほうが学習が速かったが、ヒトは奇数よりも偶数のほうがより速く、より正確に分類できるという。しかし、数学で使われる以上に偶数／奇数が重要な生態学的な要因は不明で、このバイアスの起源もわからない。ハチもヒトと同様に、図形の数が多くなると選択するまでの時間が長くなることから、甘い・苦い・甘い・苦い……と順番に数えているのかもしれないし、ペアリングして余るかどうかを判断しているのかもしれないが、ハチの分類方略も現時点では不明だ。まだ不明なことだらけだけれど、好き・嫌い・好き・嫌い……と花占いをするヒトの隣を飛んでいるハチが、それと同じように数を数えて偶数と奇数に分けているのかもしれないと思うと、占いなんてやっている場合ではないような気もしてくる。

**引用文献**

（1） Howard, S. *et al.* (2002). Numerosity categorization by parity in an insect and simple neural network. *Frontiers in Ecology and Evolution*. doi: 10.3389/fevo.2022.805385

# 赤を見る蚊

昨夜、眠りかけたところで、「プ～～ン」という音が聞こえてきた。蚊だ。今年もこの季節がやってきた。仕方がないので、眠りたい体を何とか起こして明かりをつけ、周囲を見回して蚊を探すが見つからない。諦めて明かりを消して寝る。すると、しばらくして再び「プ～ン」と来る。困ったものだ。毎晩ではないことがせめてもの救いと言えるが、こういうとき、隙間だらけの古い木造家屋であることがちょっとうらめしい。

蚊は三〇〇〇種類以上もいるらしい。ヒトを刺すことに特化した蚊はごくわずかだそうだが、そんな蚊の一種であるネッタイシマカ（*Aedes aegypti*：ヤブカ属）は、ヒト以外の動物よりもヒトを刺すことに圧倒的な嗜好性を示す。ヒトが吐き出す二酸化炭素や汗の匂いを一〇〇メートルも先から嗅ぎつけ、ヒトを探し出して刺すのだ。恐ろしい。多少なりとも刺されないようにする方法があったらよいのにと毎夏思うが、冬になるとすっかり忘れてしまう。恐ろしい。

夜明けと夕暮れどきに活動するネッタイシマカには一〇個のオプシンがあると考えられており、そのうち五個は中波長から長波長に反応する可能性がある。つまり、色を識別できそうなのだ。そこで、

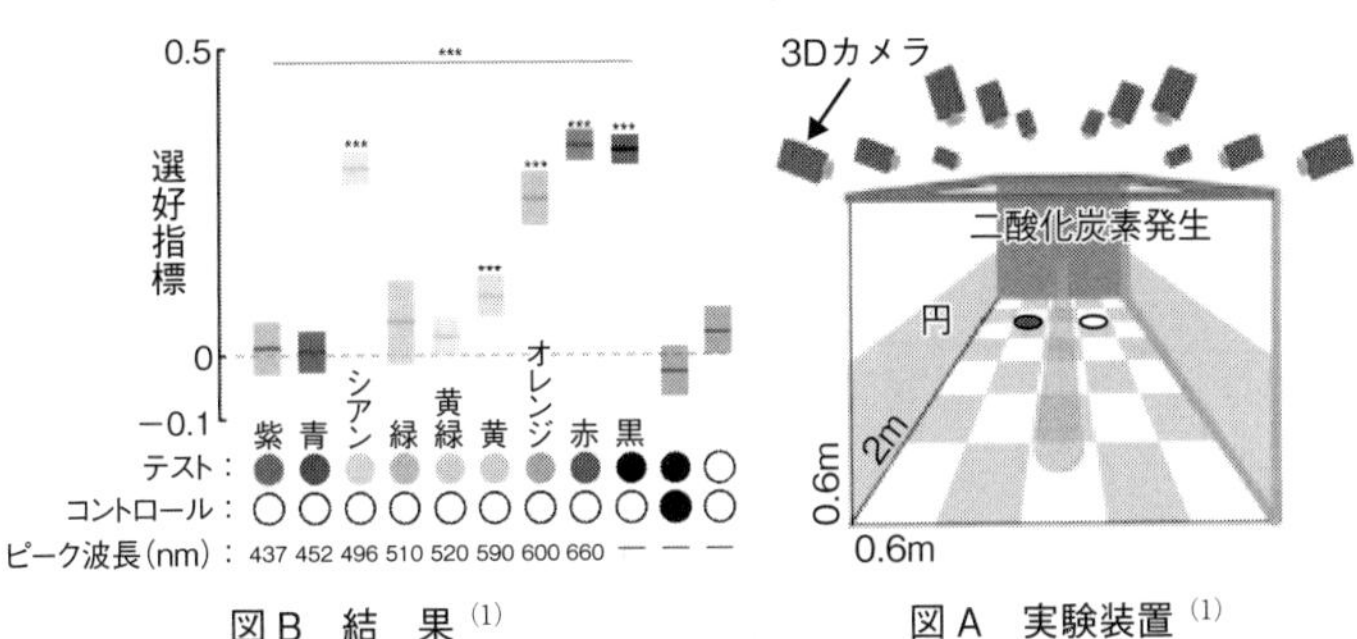


図B　結　果[1]

選好指標：テストの円に滞在した時間から、コントロールの円に滞在した時間を差し引き、両方の滞在時間の合計で割ったもの

図A　実験装置[1]

Albertoら[1]は、ネッタイシマカが二酸化炭素を検知した後、色を手がかりにヒトの皮膚を探し当てるのではないかと考えた。図Aのような、奥行き二メートル、高さと幅が〇・六メートルの部屋を作り、二酸化炭素が発せられる奥（風上）に直径三センチの円を二つ置き、手前（風下）にネッタイシマカのメス（交尾後）を五〇匹配置し、ろ過した空気（二酸化炭素が入っていない）で部屋を一時間満たした。その後、部屋の奥から二酸化炭素（九五パーセントろ過空気、五パーセント$CO_2$）を放出してネッタイシマカの行動を一二個の3Dカメラで記録した。その結果が図Bで、横軸にある二つの円のうち、テストの円の滞在時間がコントロールの円よりも長いほど、選好指標は大きくなる。つまり、ネッタイシマカのメスは、二酸化炭素放出時に、ピーク波長が四九六ナノメートルのシアン（水色に近い青緑）と五九〇ナノメートル以上の黄、オレンジ、赤、黒に好んで滞在したのだ。二酸化炭素放出前にはそのような行動は見られなかった。

次に、ヒトの皮膚色（コントロールは白色）を使い、同様の実験をしたところ、薄い肌の色も濃い肌の色も同様に、ネッタイシマカは白色よりも好んだ。実は、肌の色（色素の違い）を問わず、ヒトの肌は長波長帯（五九〇～六六〇ナノメートル）が支配的なのだ。そこで、光学フィルターで皮膚の長波長帯を遮断すると、ネッタイシマカの肌への選好は有意に減少した。これらの結果から、ネッタイシマカの肌の色に対する選好において、長波長帯が重要な役割を担っていると考えられる。図Bの黄、オレンジ、赤が相当する。

今年の夏からはシアンや黄、オレンジ、赤、黒の服を着ないようにしようかなと思ったが、ネッタイシマカは現在日本にはいないとされているのだった（しかし、いつ入ってきてもおかしくない）。ほかの種類の蚊も同様の色を好むのだろうか。Albertoらはステフェンスハマダラカ（*Anopheles stephensi*）とネッタイイエカ（*Culex quinquefasciatus*）でも調べている。ステフェンスハマダラカは赤と黒を好み、ネッタイイエカは青と赤を好んだのだ。種によって色の好みが異なるようだ。とはいえ、日本でよく見られるのはイエカ属、ヤブカ属、ハマダラカ属なので、赤系は要注意と言えるかもしれない。

### 引用文献

（1） Alonso San Alberto, D. *et al.* (2022). The olfactory gating of visual preferences to human skin and visible spectra in mosquitoes. *Nature Communications*, *13(1)*, 555.

# イルカとビール

庭にやって来る鳥の種類は鳴き声で大方わかるものの、個体の特定までは無理だなあと思っていた。ところが一年ほど前から、どう聴いても「カガワ、カガワ」と鳴くカラスが現れ、うちでは（当然ながら）「カガワ」と名前をつけて、ついに一羽だけでも個体識別できるようになったと浮かれていた。しかし考えてみれば、声と姿とを一緒に観察する機会がほとんどない上に、鳴いていないカラスの姿を遠目に見分けられない以上、「鳴き声を聞き分けている」だけであって、個体識別とは言えそうにない気もしてきた。

夫が昔（京都大学霊長類研究所の院生の頃）チンパンジーでそんな研究[1]をしていた。「スピーカーから流れるベルの音を聴いたら、ベルの写真を選択する」というような訓練をしたチンパンジーに、ある日、日常的に接している人物（知り合い）の声を流し、モニタには二人（どちらも知り合い）の顔写真を呈示する。チンパンジーは最初の試行から、流れた声に対応した人物の顔を選ぶことができた。視・聴覚という異なる感覚様相の情報が統合された個体の表象がチンパンジーにもあるようだ。研究はさらに、知らない人物の声を聴かせてから、知り合いの顔と知らない顔を呈示すると知らない顔が選ばれること（「知り合いの声ではないからこっち」という排他律に基づく判断）や、知らない人物の声に対して知らない女性と男性の顔を呈示すると性が一致するほうが選ばれることも明らかにした。生物学的な性に対応しているかはわからないが、声・顔それぞれの特性をカテゴリカルに処理していることは間違いなさそうだ。

こういうのをクロスモーダル認知と呼ぶが、もちろんこれは視聴覚に限らない。実際、ホイッスル音（個体に固有の鳴き声）で仲間を認識していると言われているハンドウイルカ（*Tursiops truncatus*）を対象に、ホイッスル音が特定の個体の「ラベル」として表象的に機能しているのか検討するために、Bruck[2]らは、視覚（顔など）ではない、別の感覚様相の刺激を用いた——「尿」だ。と、冷静に書いてみたが、どうしてこういう実験系を思いついたのか全くわからず、尊敬の念しかない。ともかく、実験に参加するハンドウイルカ八頭の、知り合いのハンドウイルカと知らないハンドウイルカの尿（一九頭分）を準備した。動物園や水族館では、動物の健康状態を把握するため尿を採集する。イルカの場合、水面や陸上で仰向けになり排尿する訓練をするのだ。それをシリンジで採集後、イルカにはご褒美の餌を与える。

実験では、ハンドウイルカを定位置に誘導し、そこに採集した尿あるいは水を二〇ミリリットル注いだ。ハンドウイルカ八頭すべてが、水よりも尿を注いだときに口を開けている時間が長かった（図）。次に、知り合いのイルカの尿あるいは知らないイルカの尿を注いだところ、八頭すべてが知り合いのイルカの尿のときに口を開けている時間が長かった。さらに、知り合いの尿を注いだ後に、スピーカーから知り合いのホイッスル音を流し、スピーカーのそばに滞在した時間を調べたところ、八頭中七頭が、ホイッスル音が尿の持ち主のものであるときに、そうでないときよりも長く滞在したのだ。以上の三つの実験では、それぞれ二つの条件（水と尿など）を順番に行ったが、試行順序のランダマイズは、「コイントス」で行われた。こういうのいいなあ。

ハンドウイルカには嗅覚に必要な神経系がないため、尿は匂いでなく味で識別されていると考えられる。味覚を用いてクロスモーダルな個体表象を明らかにした研究は、これが初めてだ。とはいえ、ハンドウイルカでは甘味・苦味・旨味・酸味の受容体の遺伝子は機能していない（つまり機能しているのは塩味だけ）と言われており、一体どうやって仲間の尿の「味」を区別しているのだろう。Bruck らは、尿中のタンパク質や脂質を知覚している可能性を考えている。

図　口を開けて液体の味を識別しているハンドウイルカ[2]

魚を丸呑みするアシカやペンギンなども知覚できるのは塩味だけで、丸呑みだから味覚は必要ない、という論文のことを夫に話したら納得が行かなかったようで、採食行動を個体レベルで安定して維持するためにも、何らかの心理的な報酬系（ヒトであれば「おいしい！」といった感覚）が進化しないとは思えない、と言う。その後もいろいろ考えていたらしく、「味覚じゃないとすれば……そうだ！のど越しだ！」と「いいこと」を思いついたようだった。ビール好きのたわ言のような気もするが、結構いい線を行っているような気もしなくもない。


## 引用文献

（1） Hashiya, K. *et al.* (2001). Hearing and auditory-visual intermodal recognition in the chimpanzee. In T. Matsuzawa (Ed.), *Primate origins of human cognition and behavior* (pp. 155-189). Springer.

（2） Bruck, J. S. *et al.* (2022). Cross-modal perception of identity by sound and taste in bottlenose dolphins. *Science Advances, 8(20)*. doi: 10.1126/sciadv.abm7684

## 「夜が摑む」錯視

うちのような田舎の夜は「とっぷりと更ける」という表現がふさわしいと思える程度には暗い。寝室の窓の外には隣家もなく、庭が広がる先に川があるだけで、真夜中に窓を開けるのを躊躇してしまうのは、窓から「夜」が部屋に入ってくるような気がしてしまうからだ。こういう感覚はこの家に住む以前からあった気もするが、「夜が摑む」（つげ義春『ねじ式／夜が摑む』筑摩書房、二〇〇八年所収）を読んでから植えつけられたものなのか、今となっては思い出せない。「夜が摑む」は、真夜中にアパートの窓を開けると「夜」が部屋に入ってくると信じている男が主人公で、その妻がうっかり窓を開けたままにすると激怒する。そんな夫に愛想を尽かした妻はアパートから出て行ってしまい、男は玄関を閉めて寝ようとするが、妻が帰ってくるかもしれないと思い直して玄関を開けたまま寝る。男が一人で寝ていると、「夜」がじわじわと部屋に入ってきて、ついに男は「夜」に摑まれてしまうのだ。

図A①は、「expanding hole（膨張する穴）」と名づけられた[1]、中央の黒い穴が膨張するように見える錯視図形だ。じっと見ていると繰り返し繰り返し膨張する。この錯視図形を見たときに「うわっ、『夜が摑む』だ！」と思った。窓から夜が入ってくる、まさにあの感覚だ。Laengら[1]は参加者五〇人に図A①を呈示した。参加者はあご台で頭部を固定され、図A①を八秒間眺める。その後、黒い穴がどのくらい拡大して見えたかを、0（まったく拡大しない）～4（とても拡大した）の数字で答えた。さらに図を眺めているときの参加者の瞳孔径が測定された。その結果、五〇人のうち七人は、0あるいは1（ほとんど拡大しない）と答えたが、四三人は拡大した（2～4）と答えたのだ。皆さんはどうですか？　拡大して見えますか？

参加者が答えた数字（参加者の主観的な拡大）と、測定された参加者の瞳孔径には正の相関があった。つまり、答えた数字が大きい（より拡大して見えた）参加者ほど、瞳孔がより拡大していたのだ。黒い穴が拡大して見えるのは、穴の輪郭が不鮮明にぼやけているからで、ぼやけていない図A②の穴は拡大しては見えない。ぼやけていなければただの黒い円だが、図A①のように輪郭を曖昧にすると、拡大を繰り返す。Laengら[1]は、輪郭のぼやけ方が、あたかも光のない場所や暗いトンネルに向かって進

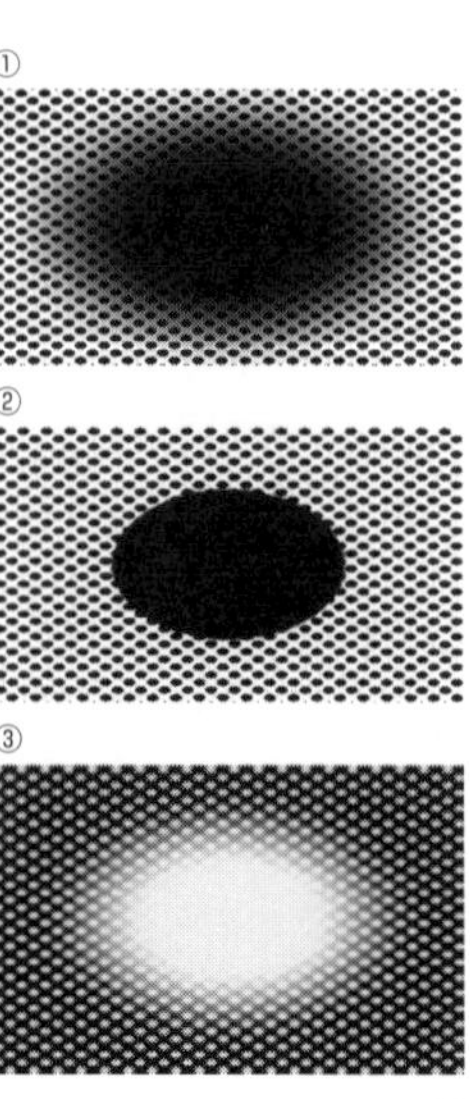
図A　Laengらの錯視図形[1]（①・③）と筆者が作成した図形（②）

図B　「夜が摑む」より最後のコマ

んでいくときのオプティカル・フローのようなので、これから暗くなる準備として瞳孔が拡大するのだろうと考えている。

黒い穴の背景の色を様々に変えても穴は拡大し、マゼンタ色の背景のときに黒い穴が最も拡大して見えることがわかった。穴が黒色でなく、白や赤や青や黄色の場合（図A③）も拡大して見えるが、拡大度合いは黒い穴ほどではなかった。さらに、黒以外の色の穴を見ているときの瞳孔は縮小したのだ。これからまぶしい場所に行くとき、トンネルから出ていくときのような準備として瞳孔が縮小するのかもしれない。

この錯視の基盤となっているバイアスに関する議論は今後の課題として残されていると思うが、いずれにせよ、この錯視を見ていると「夜が摑む」の最後の大コマ（図B）で男が発する「うわーっ」という声が聞こえてくるようで、やっぱりちょっと怖いのだった。

引用文献

（1） Laeng, B. *et al.* (2022). The eye pupil adjusts to illusorily expanding holes. *Frontiers in Neuroscience*, 30, May. doi: 10.3389/fnhum.2022.877249

# 動く耳

フィギュア・スケートの羽生結弦さんは耳を動かせる。インタビュー動画で動かしているのを見たのです。小学生の頃、先生の話をしっかり聞こうとグッと力を入れたところ、「耳が動いてる！」と友人に指摘されたのがきっかけだそうだ。羽生さんに続けて紹介するのもいささか分が悪いが、うちの夫も耳を動かせる。やはり子どもの頃、「昔の人の祖先は耳が動きました。現在でも動く人もいます」という子ども雑誌の（今考えると怪しげな）記事を読んで練習したら動くようになったそうだ。二割ぐらいのヒトが自発的に耳を動かせるらしい。

とはいえ、ここで言っているのは痕跡程度に残る耳介筋によって「自発的に（はっきりとわかるくらい）耳が動かせる人」が二割程度なのであって、たとえばキツネザルなどの曲鼻猿類の耳のように「音源定位の際に動く」というのとは少し違う。そういう意味で、ヒトの耳も、音源に向けてちょこっと動いたりしているのではないかとStrauss[1]らは考えた。参加者二八人はあご台であごと額を固定され、耳の周りや顔などに筋肉の活動を測定する装置をつけられ（図上）、正面のスクリーンに映された文章を読むように言われた。参加者が文章を読んでいる時に、参加者の頭部から一メートル離れた四カ所（右斜め前方・左斜め前方・右斜め後方・左斜め後方）に設置されたスピーカー（図下）の一台から、自動的に注意を向けてしまうような音（足音、赤ちゃんの鳴き声、携帯電話の振動音、蚊のブーンという音など）が発せられた。音が発せられた前後の、耳介を動かす筋肉（上耳介筋・前耳介筋・後耳介筋・対珠筋）の電位変化と、高解像度カメラで撮影された耳周辺の映像から、図の四領域の重心（＋）の変化（耳上の＋で耳介の動きを、それ以外で頭部の動きを確認）を測定した。その結果、音が流れたスピーカーと同側の耳介筋が、音が発せられてから約七〇ミリ秒後に活動し、耳介も動いたのだ（動画――https://www.ncbi.nlm.nih.gov/pmc/articles/PMC7334025/ の Video 1）。耳介の動きは微細なので、映像強調技術を使って拡大した動画も用意されています（同サイトの Video 2）。

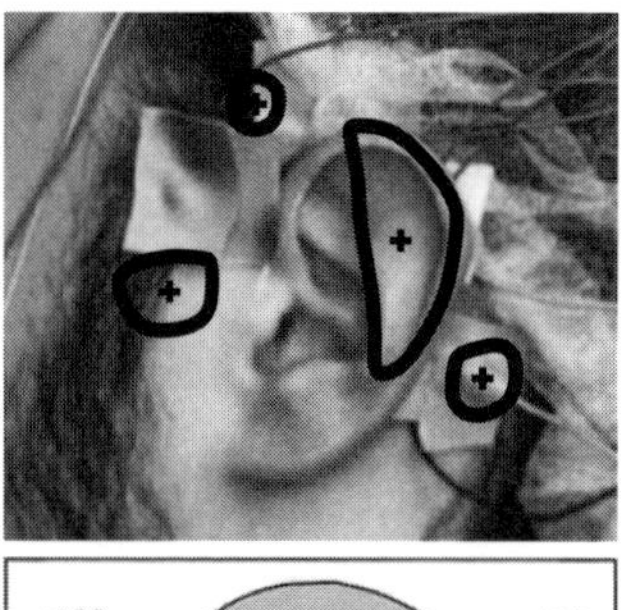

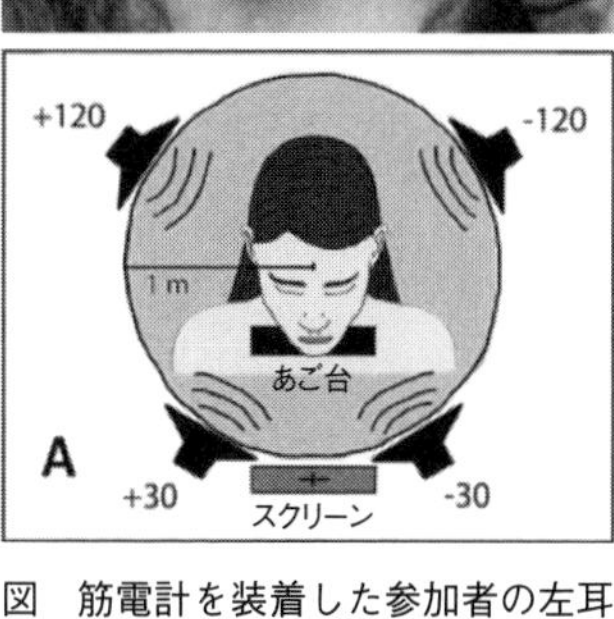


図　筋電計を装着した参加者の左耳（上）と実験配置（下）[1]

では、自発的に注意を向けるときにも耳介は動くのだろうか。Strauss ら[1]は、二つの競合する物語が、前方または後方の二つのスピーカーから再生される課題を使った。参加者に興味のあるほうの物語を選んでもらい、それが再生されるスピーカーを示して、選んだ物語を聞いてもらう。参加者はあごと額を固定された状態で正面のスクリーンに呈示された十字を見ながら、五分間の物語を聞いたのだ。すると、参加者の選んだ物語が再生されたスピーカーと同側の耳介筋が活動した。耳介筋は前方よりも後方のスピーカーのときにより活動し、耳介の動きも同側で観察され、どちらも五分間ずっと活動していた。

耳介の動きは眼球運動や頭部運動に影響された可能性がある。眼球の動き（水平眼電位）、首の動き（胸鎖乳突筋）や顔面の動き（頬骨筋・前頭筋）の電位変化を調べたが、どれも耳介筋の活動との関連はなかった。耳介の動きは眼球や頭部運動による二次的なものではなかったのである。

耳を動かせることが微妙に自慢だった夫は、「誰の耳でも動く」ということに多少ショックを受けていたが、そもそも子どもの頃にどうして耳を動かそうなどと思ったのか。訊いてみたら「野生への憧れ、みたいなもんですね」とか適当なことを言っていたので、自分でもよくわからないようだった。聞き耳を立てるときに耳が動いたりするのかについて、今後密かに観察を継続したい。

### 引用文献

（1） Strauss, D. J. *et al.* (2020). Vestigial auriculomotor activity indicates the direction of auditory attention in humans. *eLife*, *9*, e54536.

# 眼球運動が記憶を再生

ヒトは一度に視野のほんの一部だけしか情報を処理できない。これを克服するために、眼球運動によって常に焦点を移動させる。眼球運動は、固視（図Aの●）とサッカード（図Aの↓）の連続によって展開され、固視は視覚情報をサンプリングするための短い時間で、一秒間に三〜四回生じる。サッカードはある固視点から別の固視点への急速な移動のことだ。各固視点では限られた情報しか処理できないが、一連の眼球運動によって統合され、全体として見えるものを記憶する。これを逆に「時空を超えてエピソード記憶を再構成するときにも、記憶時の眼球運動（スキャンパス）が不可欠なのだ」と、五〇年以上前に、認知心理学の祖であるウルリック・ナイサーとドナルド・O・ヘッブは考えた。

そして現在、Johansson ら[1]は、記憶想起時にスキャンパスが再生されて記憶を呼び出す手助けをするのかを検証した。画像を記憶（エンコード）しているときのスキャンパスと、その後に画像を想起したときのスキャンパスの類似度を、最新のスキャンパス類似技術を用いて定量化したのだ。参加者六〇人は、額とあごを固定された状態でモニタ画面を見る。参加者には瞳孔径を測定するためと説明し、眼球運動を測定していることは内緒だ。三六枚の画像を、各画像の前につけられた言語ラベルと

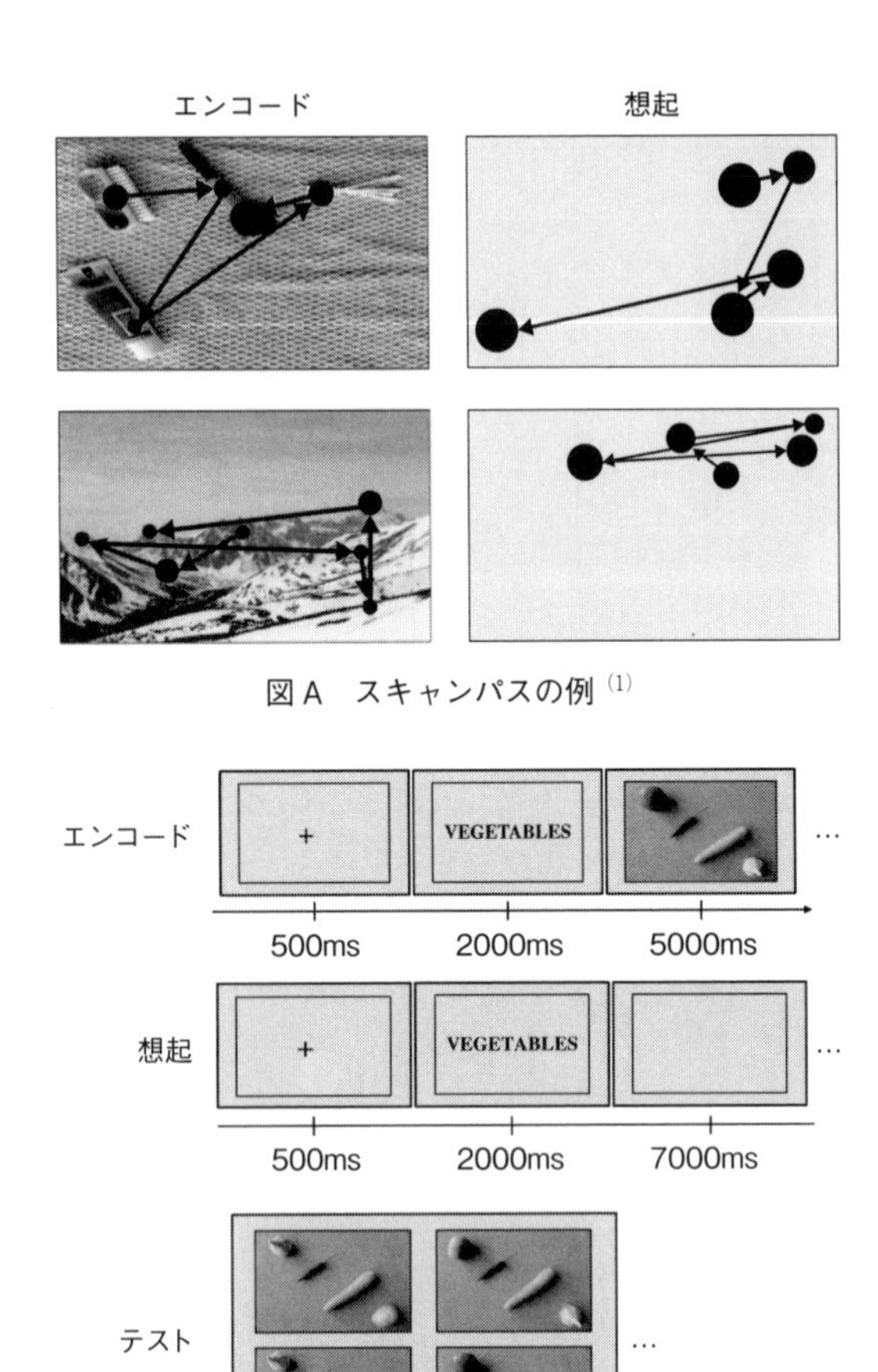


図 A　スキャンパスの例 (1)

図 B　実験の流れ (1)

野菜の例のみ示したが、実際には 36 種類の刺激がランダムに呈示されたともに、できるだけ完全に記憶するように指示された（図Bのエンコード）。言語ラベルは、その後に続く画像の意味内容（たとえば野菜）を説明するものだった。画像は、「場面」（街並み、スタジオなど一八種類）と「物体配置」（一八種類）の二種類で構成され、それぞれ五秒間、無作為に並べ替えて呈示され、各画像を見ている参加者のスキャンパスが記録された。

エンコード段階が終了すると、参加者は数字を使った簡単な課題を実施した後に「想起」を行った（図Bの想起）。参加者は、ランダムに呈示される言語ラベルを合図とし、次の空白画面を見ながら対応する画像三六枚をできるだけ詳細に思い出し、視覚化するよう指示された。各想起時の眼球運動が記録され、参加者は各画像の記憶の質を自己評価した。最後のテスト課題は四枚の画像の中から実際に見た画像を選択するよう求められた（図Bのテスト）。

テスト課題の結果は、「場面」の正解率は九五パーセントで、「物体配置」の正解率は七五パーセントだった。自己評価でも、「物体配置」のほうが「場面」よりも想起しにくいことが示された。図Aのようなスキャンパスから、固視点の位置と時間（●が大きいほど長い）、サッカード（矢印）の方向、長さや形状などを定量化し、エンコード時と想起時との類似度を調べた。たとえば、図A上の物体の例では、サッカードの方向と順番が一致していて、図B下の場面の例では、サッカードの形状のみが似ている。エンコード時と想起時のスキャンパスを比較した結果、固視位置の再生がよいほど画像の種類にかかわらず記憶の質が高く、サッカードの形状の再生がよいほど「場面」の記憶の質が高く、サッカードの方向の再生がよいほど「物体配置」の記憶の質が高かった。つまり、想起時にエンコード時と同様に眼球を動かすと、エピソード記憶の質を高めることが示されたのだ。
最新のスキャンパス類似技術のすごさに恐れ入りつつ、ヒトが記憶を想起するとき、エンコード時のスキャンパスの再生を、（私たちの知らないうちに）眼球や脳が密かに行っていることに心底驚いた。

引用文献

（1） Johansson, R. *et al.* (2022). Eye-movement replay supports episodic remembering. *Proceedings of the Royal Society, 289*, 20220964.

# 脳の疲れと旨味

「頭がよくなるから」と言って料理に某旨味調味料をかける、という話が昔はよくあった。グルタミン酸は非必須アミノ酸の一つだが、脳の神経伝達物質の一つでもあり、脳に豊富に存在する。旨味にとどまらず、さらなる機能まで喧伝され期待された時期があったのは、そういう理由からだろう。しかし、そもそもグルタミン酸は脳内で作られている一方で、血液脳関門を通過できそうにないので、食事として経口摂取しても脳には届きそうにない。

渥美清さん演じる寅さんが甥の満男に「何のために勉強するの」と尋ねられ、一生懸命答えてから、「あ～久しぶりにキチンとしたこと考えたら頭痛くなっちゃった」と言ったように（「男はつらいよ　寅次郎サラダ記念日」山田洋次監督、一九八八年、シリーズ第四〇作）、運動した後の筋肉と同様、考えると脳も疲れるのか、というのは意外とわかっていなかった。

Wiehlerら[1]は、参加者に認知疲労を誘発させる認知課題（N-switchとN-back）を考えた。N-switchは、呈示された文字（アルファベット）の色が赤なら母音か子音かを答え、緑なら大文字か小文字かを答える課題だ（図左）。課題の難易度は色の切り替えの頻度に依存する。やさしい課題では二四試行で一回色が変わる（1-switch）だけだが、難しい課題では二四試行で一二回変わる（12-switch）。N-back は、画面の文字が一試行前の文字と同じかを答えるやさしい課題（1-back）と、三試行前の文字と同じかを答える難しい課題（3-back）からなる。どの課題でも〇・八秒以内に答えないといけない。参加者は難しい課題（12-switch と 3-back）のテスト群（二四人）と、やさしい課題（1-switch と 1-back）の対照群（一六人）に分けられた。

認知課題（N-switch と N-back）の一方を二四試行行った後、経済的選択課題四試行を行う。「小報酬・低コスト」と「大報酬・高コスト」の選択肢のどちらかを三・二五秒以内に選ばなくてはならない。報酬は〇・一ユーロ（小報酬）〜五〇ユーロ（大報酬）の範囲で、コストは「遅延」（報酬の受け取り日が即日（低コスト）〜一年後（高コスト）の範囲）、「確率」（報酬を得られる確率が一〇〇パーセント（低コスト）／一パーセント（高コスト）など）、「認知的労力」（三〇分間の N-switch を行い、切り替え回数が少ない／多い）、「身体的労力」（三〇分間の自転車こぎを行い、ペダルが重い／軽い）、の四種類がある（図右）。認知的労力と身体的労力では、選択したほうを達成したら報酬を得ることができる。認知課題二四試行と経済的選択課題四試行で一ブロック、七五ブロックで一セッションとし、五セッション（なんと六時間二五分も！）行ったのだ。さらに、1・3・5セッションはＭＲＩスキャナ内で行われ、磁気共鳴分光法（ＭＲＳ）を用いて外側前頭前野（短期記憶や意思決定など、高次の認知能力に関連する）のグルタミン酸の量を測定した（対照脳領域は一次視覚野）。さらにアイトラッカーを用いて瞳孔径も測定した。こんなに多様な操作を同時に、しかも長時間行っていて、読むだけでクラクラする。

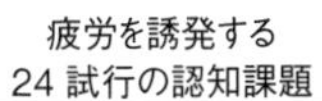


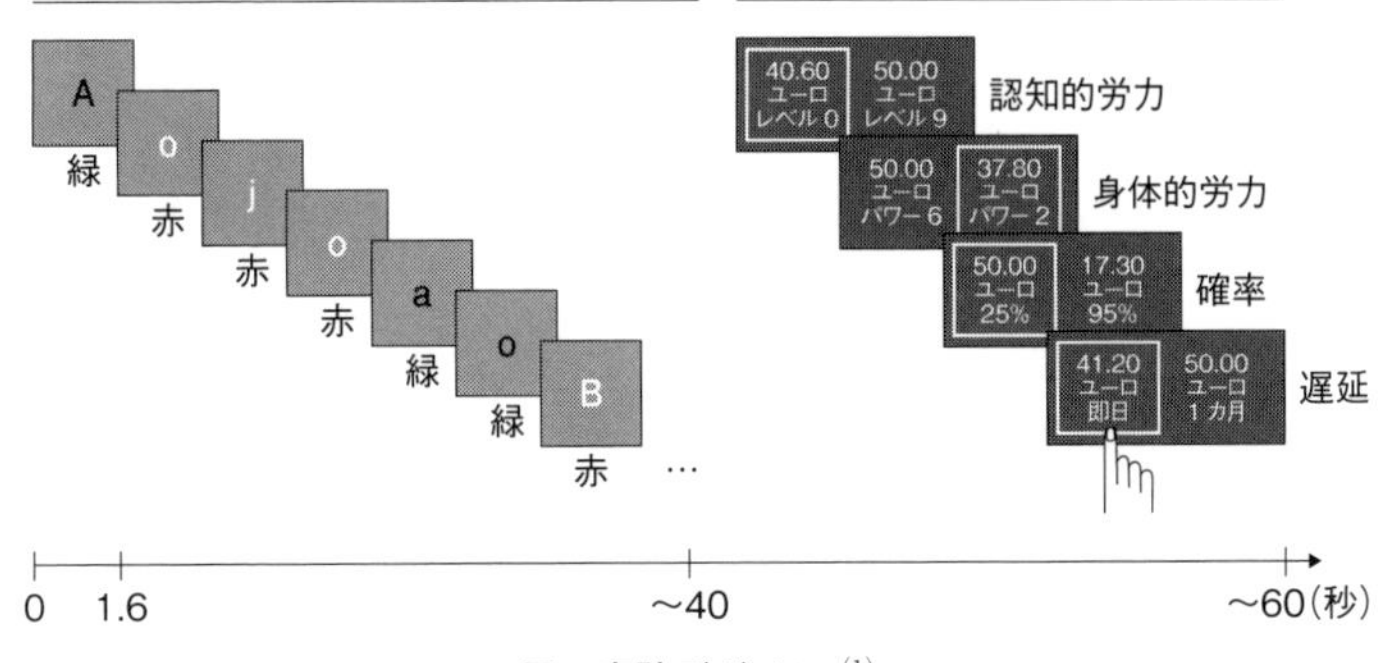


図　実験デザイン[1]

認知課題の正解率は、両群とも最後まで八〇パーセント以上を維持した。ところが経済的選択課題では、難しい認知課題を行ったテスト群でのみ、遅延・認知的労力・身体的労力において「小報酬・低コスト」の選択がセッション数に伴い増加した。認知制御を伴う選択（長時間や高労力）を避けたのだ。経済的選択時の瞳孔径の拡大も、テスト群でのみ、セッション数に伴い減少した。（同グループの以前の研究では）外側前頭前野の活動も低下していた。これらは経済的選択時の認知制御が低下したこと、つまり脳の疲れを示している。最後にMRSの結果だ。テスト群は対照群（および一次視覚野）よりも外側前頭前野にグルタミン酸が蓄積されていた。まとめると、難しい認知作業によって外側前頭前野にグルタミン酸が蓄積され、（グルタミン酸量の調節のため）外側前頭前野の活動が低下して、経済的意思決定において制御がきかなくなり、「小報酬・低コスト」の選択をした、となる。脳の疲れのメカニズムの一端が解明されたのだ。

ニューギニア島インドネシア領のパプア州がまだ「イリア

ン・ジャヤ」と呼ばれていた一九九〇年代に、そこの高地のジャングルに行った夫に聞いた話だが、雇っていたガイドの方が、毎日作ってくれる料理に旨味調味料をバサバサ入れるのに閉口して入れないように頼んだところ、「どうしてだ？　これを入れないと美味しくないぞ？」と真顔で言われたそうだ。「ジャングルの真ん中でこの味はないんじゃないか」と思ったそうだが、リアリティというのはそういうものかもしれない。一方で、泊まった集落で仔豚を一頭買って蒸し焼きにしてもらった時には、「買ったお前のものだ」と聞いていた脳は村の子どもたちが大喜びで食べてしまったらしいのだが、やはり旨味成分に溢れていたのだろうか。と、その場にすらいなかったくせに、私もちょっと食べてみたかった気もする。

**引用文献**

（1）Wiehler, A. *et al.* (2022). A neuro-metabolic account of why daylong cognitive work alters the control of economic decisions. *Current Biology*, *32*, 1-12.

# 注意の伝染

瞳孔の大きさは変わる。明るい太陽の下でも、暗い部屋の中でも周囲を見ることができるのは、瞳孔が大きさを変えて眼球に入る光の量を調節しているからだ。また、何かに没頭したり興奮したりすると、周囲の明るさとは関係なく瞳孔は拡大する。そんな瞳孔の拡大した目で見られたら、どうなるのだろう。

アナログテレビ時代、放送が終了すると「砂嵐（スノーノイズ）」という状態になったが、この砂嵐のような映像を使う実験がある。砂嵐はモノクロだが、Colombatto ら[1]は図のようなカラフルなモザイク画像を高速で変化させた画像（マスキング画像）を、参加者の一方の目に呈示した。こうすると、もう一方の目に映っているはずのターゲット画像が見えなくなるのだ。しかし、しばらくすると見えてくる。この現象を連続フラッシュ抑制というが、ターゲット画像によって、呈示されてから見えるまでの時間（両眼間の抑制を突破する時間）が異なることが知られている。マスキング画像による抑制を短時間で突破できる画像とそうでない画像が存在するのだ。

Colombatto ら[1]は、ターゲット画像に使用する男性二人、女性二人の画像を用意した（その一例が、

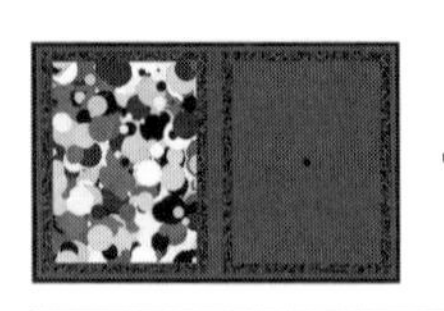
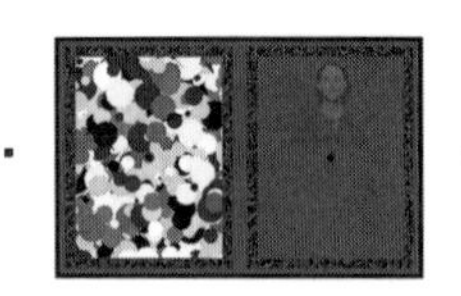

図　左目にマスキング画像、右目にターゲット画像の例（提供：Clara Colombatto）

本書のカバー袖の図）。人物の虹彩の色を薄くし、人物のシャツの色を虹彩の色とほぼ同じにして、瞳孔とボタンの大きさを様々に変化させた。これらのターゲット画像を、あご台で固定された三〇人の参加者に呈示した（一九二試行）。図のように、ターゲット画像は不透明度ゼロパーセント（つまり透明）から徐々に不透明度が上がり、画像が見えたら、参加者は画像が見えた位置、上か下（図では上）を答える。その結果、ボタンの大小によっては、答える（抑制突破）までの時間に差はなかったが、瞳孔の大きいときに小さいときよりも抑制突破までの時間が短くなったのだ。

ボタンは顔から遠いので目立たなかったのかもしれない。そこで、「ほくろ」を使った。ほくろを目元や頬やあごにつけ、瞳孔とほくろの大きさを変化させた画像を用意した。新たな参加者三〇人は、先ほどと同様に、画像が見えたら位置を答えた。本書のカバー袖の図（下）を見ると、大きいほくろは中型の瞳孔よりも明らかに目立つ。しかし、ほくろの大小で抑制突破までの時間に差は見られず、やはり瞳孔の大きいときに小さいときよりも抑制突破までの時間が短かったのである。つまり、黒く大きい円が目立つから答えるまでの時間（抑制を突破するまでの時間）が短くなったのではなく、大きい瞳孔だから抑制突破が早かったのだ。

「瞳孔が大きい顔は魅力的」とされる研究（「仁左衛門はピカピカに光って」一一三ページで紹介しているHess の研究）結果があるので、今回も魅力的な顔に対して抑制突破が早くなった可能性がある。そこで、使用された写真の魅力度を1（全く魅力的でない）～9（断然魅力的）の数字で一三〇四人に判断してもらったところ、「瞳孔の大きい顔が瞳孔の小さい顔より魅力的」にはならなかった。魅力的な顔だから、より早く抑制を突破したのではなかったのである。

瞳孔の拡大は注意や覚醒が高まっていることを示している。Colombatto らは、「他者の注意や覚醒の高まりを知覚すると、その他者に注意を向ける『注意の伝染』を示唆している」と述べていた[1]。瞳孔の大きさは視覚的にきわめて微妙な違い（画像ではわずか数ピクセルの違い）なので、ターゲット画像の瞳孔の変化に気づいた参加者はほとんどいなかった。参加者は「覚醒した瞳孔」を自動的に処理したようだ。

デジタル放送になり、砂嵐はなくなってしまったが、こういう実験を見ると思い出す。

### 引用文献

（1）Colombatto, C. *et al.* (2022). Unconscious pupillometry: An effect of "attentional contagion" in the absence of visual awareness. *Journal of Experimental Psychology: General, 151*(*2*), 301-308.

# 三万一〇〇〇年前の外科手術

入院中の夫（これを書いている時点でもう退院しました）からメールが来た。ベッドで読んでいた論文がおもしろかったから私も読めと言う。ネットの記事では見ていたが、論文自体はたしかに読み損ねていた。本人が外科手術を受けたせいもあって、「三万一〇〇〇年前の外科手術痕発見」というのは、琴線に触れるものがあったのだろう。回診に来られた主治医の先生方にも熱心に紹介したようだが、手術直後に何をやっているのか。

インドネシアのカリマンタン（ボルネオ）島東部は広大な石灰岩カルスト地形（約四二〇〇平方キロメートル）で、そこには多数の岩穴や鍾乳洞があり、約四万年前のロックアートが豊富に存在するが、初期の人骨の発見はきわめて少ない。二〇二〇年、Liang Tebo と呼ばれる鍾乳洞からホモ・サピエンスの「ほぼ」完全な骨格（TB1）が発見された[1]。TB1は一〇代後半から成人期前半で、ほぼ南北方向に仰向けに寝た姿の頭部と両腕の上部には石灰岩が配置され、骨格周辺の堆積物が周囲と区別でき、境界が明瞭であることから、意図的に作られた墓であると考えられた。

周辺数カ所から見つかった木炭試料の放射性炭素年代測定と、TB1の左大臼歯のウラン系列測定法と電子スピン共鳴法の組み合わせによる年代測定とを総合して、ＴＢ１は三万一〇〇〇～三万年前の後期更新世のヒトと推定された。Maloneyら[1]は、この地域の島々で発見された現生人類の意図的な埋葬事例としては、これが最古のものだろうと述べている。ＴＢ１の墓には、非常に鋭い刃を持つチャートと呼ばれる石材の薄片や、下顎骨の近くからレッドオーカーの小塊も発見されたが、最大の謎は、発掘の過程で明らかになった「ほぼ」完全なはずの骨格から、ＴＢ１の左下肢の遠位三分の一が完全に失われていることだった（図）。残っていた脛骨と腓骨は独特な成長をしていたが、斜めに切断された面は層状に再形成されており、治癒が確認された。一般に、事故や動物に襲われた結果として生じる非外科的切断では、ＴＢ１のようなきれいな切断面にはならない。切断後の生活が長く続き、埋葬が丁寧であることから、罰としての切断もあり得なそうだ。腓骨の下の縁が完全に修復されていることから、ＴＢ１は最初の外傷から最短でも六～九年後に死亡したと考えられる。左の脛骨と腓骨が右に比べて小さいことから、骨が成長し続けなかった小児期の切断であると考えられ、左脛骨と腓骨の薄化は左脚の使用が大きく制限され、筋骨格系の萎縮が生じたことを示唆する。さらに、右脛骨の皮質縁が薄くなっていることから、ＴＢ１はほとんど歩行していなかったと考えられる。

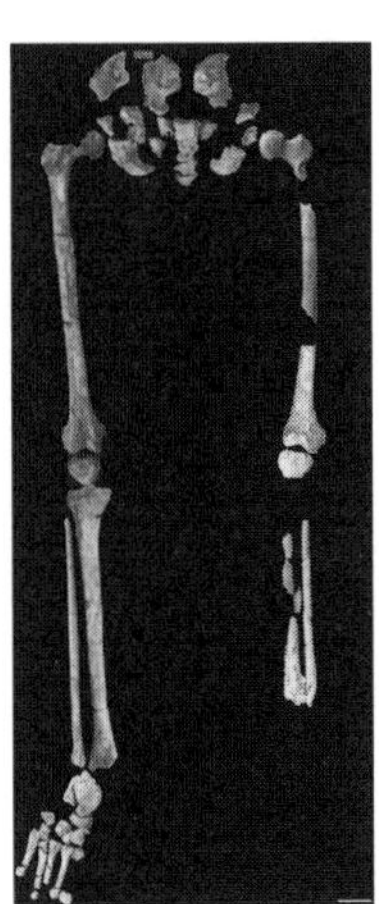
図　TB1 の下肢[1]

これまで、切断手術に成功した最古の例はフランスで発見された約七〇〇〇年前、新石器時代のもので、

「約一万年前の定住農耕社会の出現により、それまで非定住の狩猟採集民にはなかった多くの健康問題が発生し、医療行為に大きな革新を促した」というシナリオが一般的だった。ところが今回、三万一〇〇〇年前の左下肢の切断が成功した骨格が発見されたことで、農耕移行期よりずっと以前に、狩猟採集集団が高度な医療知識と技術を身につけていたことになる。三万一〇〇〇年前の下肢切断手術の理由や方法はわからないが、ＴＢ１が術中や術後に相当なケアを受けたことには議論の余地がない。失血やショックの管理、定期的な傷の洗浄など、集中的な看護がなくては、ＴＢ１は生きられなかったはずだ。論文には、薬草利用の可能性も指摘されている。切断から生き延びたＴＢ１が超人として特別に扱われたのかもしれないが、誰に対しても手篤く看護をしていた可能性もある。

医療行為は、経済活動や社会制度として成熟してきた一面をもちろん持ちながら、高度な知識と技術を基盤に実現される、高いコストを伴う利他行動でもある。外科手術の際の身体感覚やそこでの記憶は、三万一〇〇〇年前にＴＢ１が受けた際のそれと現在とでは大きく異なるだろうが、どこかで連続している。医療を施す側についても同じだろう。外科手術の痕跡は、技術の痕跡であると同時に、（ルートヴィヒ・ウィトゲンシュタインの指摘する通り）本質的には理解し得ないはずの「他者の痛み」に対する共感や利他性という、心の痕跡とも言えるかもしれない。


引用文献

（1） Maloney, T. R. *et al.* (2022). Surgical amputation of a limb 31,000 years ago in Borneo. *Nature, 609*, 547–551.

# ハエトリグモはショウジョウバエの夢を見るか？

長い間、睡眠は覚醒していない受動的な状態と考えられていた。ところが一九五三年、成人の睡眠中に定期的な脳の神経活動と急速な眼球運動が生じることが報告[1]されてから、睡眠を活動的な状態として見直すようになったのだ。活動的な睡眠なので「アクティブ睡眠」と呼ばれたり、急速眼球運動（Rapid Eye Movement：ＲＥＭ）が生じることから「レム睡眠」とも呼ばれたりする。

図はハエトリグモの一種（*Evarcha arcuatea*：以下、ハエトリグモ）の子が糸の先にぶら下がっている写真[2]だ。このハエトリグモは、生後一〇日間は頭胸部の色素がまだないので、頭の中が透けて見える。そのため、主眼の表面（レンズ）から頭胸部中央に延びた管（網膜管）が丸見えなのだ。この管の中に網膜がある。図のハエトリグモの子の頭胸部を見ていたら、「カオナシ」（『千と千尋の神隠し』（宮崎駿監督、二〇〇一年）に登場するキャラクター）を思い出した。主眼から延びた管の模様が似ているからだろう。昆虫の眼球は基本的に固定されているので、ヒトのようには動かない。ところが、ハエトリグモは、レンズを動かすことはできないが、網膜管を動かして視線方向を調整できるのだ。ドイツのコンスタンツ大学のRößler[3]は、ある夜、一本の糸の先に逆さにぶら下がり、足をくるっと丸めてじっ

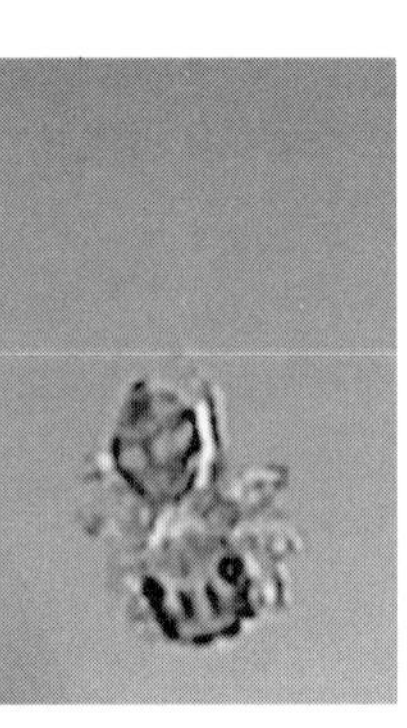

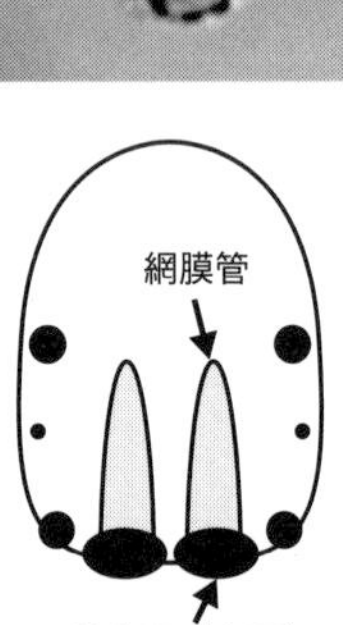


図　ハエトリグモの子が糸に吊り下がっている様子（上）と頭胸部の模式図（下：黒い丸は８個の目）[2]

としている成体のハエトリグモ（体長六ミリ）を見つけた。足を丸めていたので、最初は死んでいるのかと思ったそうだが、しばらく見ていたら眠っているように思えたという。そこで、一晩ビデオで撮影し、その映像を確認すると、時折ピクピクと脚や腹部を震わせ、それが一晩中、周期的に繰り返されていたそうだ。ヒトやイヌなどの哺乳類でレム睡眠時に手足が小刻みに動くのに似ていると思い、ハエトリグモの睡眠様状態を調べることにしたという。

Rößler ら[2]は、拡大鏡と赤外線カメラを用いて、ハエトリグモの子（三四匹、生後一〜九日、体長約一〜二ミリ）を一晩（午後七時〜午前七時）撮影した。その結果、睡眠中の「網膜管の動き」（動画——https://www.youtube.com/watch?v=v_x6lm_9FA8）が確認されたのだ。網膜管の動きは一分ほど続き、それは一五〜二〇分間隔で繰り返された。この網膜管の動きは、小刻みな腹部や脚の動きと同時に発生し、哺乳類などのレム睡眠中に見られる手足の小刻みな動きと似ていた。そこで、成体三匹（頭胸部が透明ではないので網膜管は見えない）を同様に一晩観察したところ、約三〇分間隔で小刻みな脚の動きが確認された。ぶら下がらないで、立ったままの姿勢で一晩過ごしている成体を正面から赤外線カメラで撮影したところ、主眼の色が変化していた。網膜管が動くことで、主眼のレンズから入った光の反射が変わり、色が変化したのだ。主眼の色の変化は脚の動きと同期していた。レム睡眠様状態が成体でも観察された。Rößlerらは、これがハエトリグモの睡眠なのか、このレム睡眠様状態はレム睡眠と言えるのかを明らかにするために、今後は脳の活動を調べようとしている。

*E. arcuata*を含むハエトリグモは、ほかのクモに比べて目が非常によい。ハエトリグモは夜になると暗すぎて狩りができなくなるため寝床に入る（または糸にぶら下がる）。最近、レム睡眠時だけでなく、ノンレム睡眠時でも夢を見ると言われているが、それでもやはり気になるのは、レム睡眠のような状態のハエトリグモが夢を見ているかどうかだ。『アンドロイドは電気羊の夢を見るか？』（フィリップ・K・ディックのSF小説）と同じぐらい気になる。

## 引用文献


（1）Aserinsky, E. *et al.* (1953). Regularly occurring periods of eye motility, and concomitant phenomena, during sleep. *Science, 1118*, 273-274.

（2）Rößler, D. C. *et al.* (2022). Regularly occurring bouts of retinal movements suggest an REM sleep-like state in jumping spiders. *Proceedings of the National Academy of Sciences, 119*(33), e2204754119.

（3）Mason, B. (2022). Spiders seem to have REM-like sleep and may even dream. *Scientific American*, 8, August.

# いい湯だな

郊外の家で暮らし始めた頃に驚いたことの一つは、畑でお会いする近所のおばあちゃんたちが色白の艶やかな肌をしていらっしゃることだった。うちの辺りには上水道が通っていないが、引っ越す際に「水のいいところだよ」と何人かに言われた。ポンプで汲み上げている地下水はおいしいし、風呂のお湯もやわらかだ。いつか私もおばあちゃんたちのような肌になれるかもしれないが、そんなことはないかもしれないがどうなのかしら。

わが家から車で五分ほどのところには温泉もあって、その昔、傷ついた鹿が入っているのを誰それが見つけて開かれた、という由来つきだ。鹿だったり鶴だったり、全国の伝承ではいろいろな動物が温泉に入っている。実際に温泉に入ることで有名なヒト以外の動物と言えば地獄谷野猿公苑のニホンザルだが、山口県には温泉（湯田温泉）に入るカピバラがいる。もちろん在来生物ではなくて飼育個体だ。本来、カピバラは南米アマゾン川流域の湿原に生息している。水中で過ごすことの多いカピバラには水かきがあり、泳ぎが得意で五分以上も潜れるし、鼻先だけ水面から出して眠ることだってできる。アマゾン川流域は温度も湿度も高い。ところが、日本の冬は温度も湿度も低いので、夏には透明でなめらかなカピバラの背部の皮膚が、冬には乾燥し鱗状に荒れてしまう。そこでInakaら[1]は、カピバラが温泉（ナトリウムイオンと塩化物イオンを比較的多く含むアルカリ性pH九・三）に入浴することで皮膚が改善するのではないかと調査を開始した。

秋吉台動物公園サファリランドのカピバラ九頭（オス四頭、メス五頭）は、日中は屋外で過ごし、夜は二四・二〜二七・九度に保たれた居室で集団飼育されている。カピバラの背部皮膚の状態を夏と冬で比較すると、夏はpH八の弱アルカリ性だが冬はpH七と低くなること、皮脂の量は夏と冬で変わらなかったが、水分量は冬は夏の四分の一になること、皮膚メラニン値や紅斑値（ヘモグロビンの濃度）は夏より冬で低いことがわかった。冬の気温が五度前後になり、カピバラの皮膚が荒れていることを確認したのち、二一日間にわたり毎日三〇分以上、入浴開始時の温度が三五度の温泉に入浴させた。皮膚の状態を、実験開始一日目、七日目、二一日目の朝、入浴前に計測した。その結果、七日目には、まだ全体的に鱗が見えて皮膚は荒れていたが、二一日目には皮膚がなめらかになり、肌の色も夏の赤黒い色に近くなり、皮膚や体毛が艶やかになっていたのだ。測定値を見ると、二一日間の入浴で皮膚水分量は増え、色素沈着を示すメラニン値は低くなり、血行状態を示す紅斑値は高くなったが、皮膚pHや皮脂に変化はなかった。

冬期には皮膚温度が、頭部二八度、体幹部二九度、四肢遠位部一五度まで低下する。温泉入浴で頭部の皮膚温度は影響されなかったが、体幹部は入浴前に比べて三二度と有意に高くなった。入浴前の四肢の皮膚温度は約一五度と低かったが、入浴直後に三〇度近くまで急激に上昇した。入浴終了後三

| 得点 | 0 | 1 | 2 |
|---|---|---|---|
| | 平静（ベースライン） | 中程度に快適 | 明らかに快適 |
| 目の形（まぶた） | 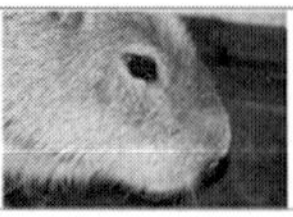 |  | 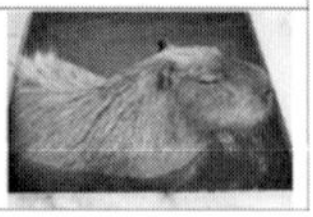 |

図　カピバラの目の状態と快適さの得点表[1]

○分経っても、体幹部の皮膚温度は三二度を維持し、四肢の温度は徐々に低下したが、二〇度以上を維持した。Inaka[1]らは、温泉に溶存している塩化ナトリウムなど複数の塩類が体表を覆い、さらに表皮のタンパク質と結合して体温の放散を妨げると考えている。

カピバラは快適なとき、まぶたが閉じて眼球の見える範囲が狭くなるという（図）。そこで、カピバラの目の開き具合を快適さの指標として得点化したところ、入浴前と比べ入浴中は得点が高くなった。カピバラは入浴中に目を閉じることが多かったのだ。地獄谷で温泉に入っているニホンザルが目を閉じている映像を見たことがあるが、ヒトもニホンザルもカピバラも温泉に入ると目を閉じるようだ。

ある世代限定の強力なミームとして、温泉に入るとザ・ドリフターズ気分で「いっい湯だな〜」と口ずさんでしまうことがあるはずだが（永六輔作詞・いずみたく作曲「いい湯だな（ビバノン・ロック）」）、一度だけ旅先で、湯気が天井から背中に落ちてきたことがある。これが凶器のような冷たさで、歌詞にある通り本当に「冷てぇな」なのだった。作詞者の永六輔さんも経験したに違いないが、カピバラの毛皮なら、きっと何ともないのだろうと思うと、その点はちょっとうらやましい。

引用文献

（1） Inaka, K. *et al.* (2021). Comfortable and dermatological effects of hot spring bathing provide demonstrative insight into improvement in the rough skin of Capybaras. *Scientific Reports, 11*, 23675.

# 味をみている胎児を見る

超音波（エコー）検査には2D、3D、4Dがある。たとえば胎児の心臓や骨などの発育状態を確認するときに使うのが2Dエコーで、体内を面で捉えて映し出す。3Dエコーは2Dをコンピュータ処理して立体にしたもので、胎児の顔の形状などがわかる。4Dエコーは3Dを動画にしたもので、胎児の動き（あくびやまばたきなど）を観察できる。静止していたものが動きだすと、途端にかわいく見えるので、図の胎児たちの4D動画を見てみたい。

胎児は羊水の中で様々な経験をしているおかげで、出生後の環境にすぐになじむことができるのだと言われている。ヒトの胎児は、妊娠一四週目には味物質を検出でき、妊娠二四週目から匂い物質を検出できる。羊水には母親の食事を通して伝えられる香味成分が存在するので、妊娠後期の胎児は、羊水を飲み込んだり吸い込んだりすることで、母親が摂取した食べ物の風味を感じとることができる。

そこで、Ustunら[1]は、4Dエコーを使って、母親が食物を摂取した後の、胎児の顔の動きを直接確認しようと考えた。ヒト胎児は表情筋を動かして顔面運動（facial movement：FM）を示す。各FMは特定の筋肉運動を示していて、たとえば、FM11は小頬骨筋の動きによって形成される鼻唇溝（ほうれい線）の出現を指し、FM16は下唇下制筋によって下唇があごに向かって引き下げられる動きを指す（図A）。同時あるいは一秒以内に発生するFMの組み合わせをゲシュタルトと呼び、成長に伴い、同時に起こるFMの数が増え、ゲシュタルトの複雑さが増していく。胎児のゲシュタルトは、出生後の顔の表情に似ているのだ。

健康な単胎児の母親一〇〇人が調査に参加した（実験群はケール（苦味）を摂取する群三五人と、ニンジン（甘み）を摂取する群三五人、対照群は三〇人）。妊娠三二週と三六週に、4Dエコーを二五分間行った。実験群では、参加者はエコー検査当日にニンジンおよびケールを含む飲食物を摂取しないよう言われた。エコー検査の開始の約二〇分前に、カプセル一個（ニンジンあるいはケールの粉末〇・四グラム）を水と一緒に飲む。対照群は、検査前や検査中、いかなる香味料にもさらされなかった。参加者の検査前の一週間の食事が記録され、実験参加者の群間の食事に差がないことが確認された。

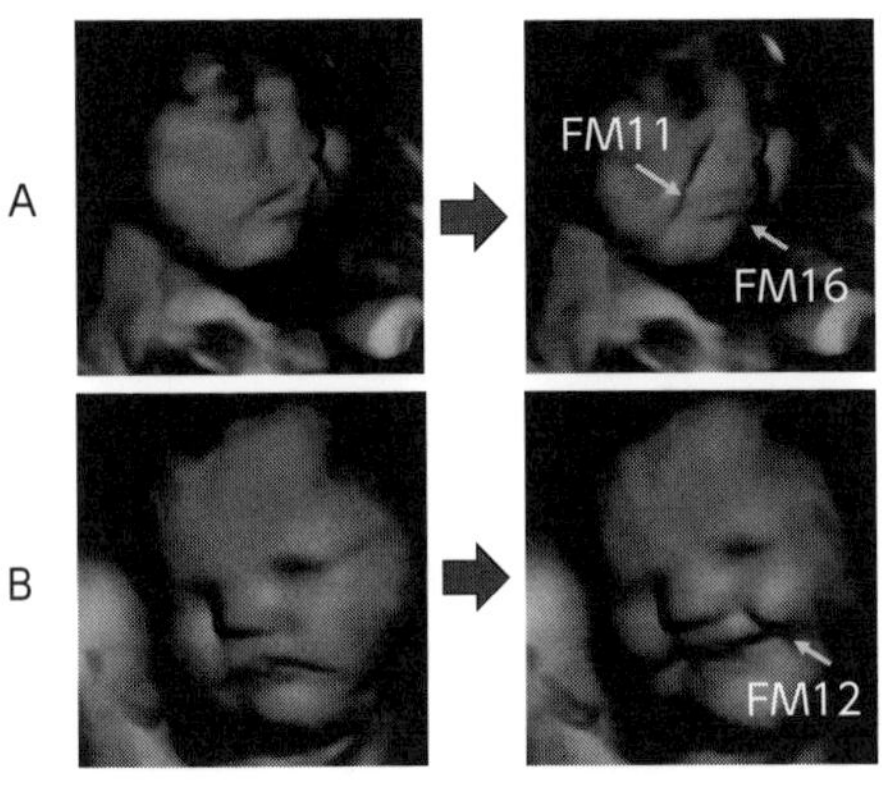


図　母親がケール／ニンジンを摂取後に生じた胎児の泣き顔ゲシュタルト（A）／笑い顔ゲシュタルト（B）（提供：FETAP（Fetal Taste Preferences）Study, Fetal and Neonatal Research Lab., Durham University）

エコーの結果、胎児（三二週と三六週）のFM

は、母親がカプセルを摂取してから約三〇分後に出現し、ケール群では、FM11、FM16などがニンジン群や対照群よりも多く見られ、泣き顔ゲシュタルト（図A）が生じ、ニンジン群では、FM12（口角が上がる）などがケール群や対照群よりも多く見られ、笑い顔ゲシュタルト（図B）が生じた。三六週のほうが三二週よりも多くのFMが観察された。

カプセルは半透明だったので、参加者は飲むとき、カプセルの色の濃淡を見ることはできたが、内容物の味や匂いを感じることはできなかったので、カプセル摂取時の母親の反応が胎児のFMに影響したとは考えられない。胎児は少なくとも妊娠三二週までにケールやニンジンの成分を識別しているのだ。図のような胎児のゲシュタルトは、大人が見たら笑い顔や泣き顔に見えるけれども、だからと言って胎児が「おいしい」とか「苦い」と感じているかはわからない。

そう言えば、耳にすることの多い「ほうれい線」は人相学の用語らしい。解剖学では「鼻唇溝」というう。どちらにしても、泣き顔ゲシュタルトの要素の一つに変わりはないし、私にとってはできるものなら消したいと毎朝格闘しているものに変わりはないが、何となく今日からは、気分を変えて「FM11」と呼ぶことにしてみようかなと思った。

## 引用文献

（1） Ustun, B. *et al.* (2022). Flavor sensing in utero and emerging discriminative behaviors in the human fetus. *Psychological Science, 33(10)*. doi: 10.1177/09567976221105460

2023

# 魚を喰らう日々

庭の枯れ葉を集めていると、北関東にあった祖父の家での焚き火を思い出す。焚き火が始まると、納屋で束に積まれていた稲藁から籾が数粒残っているのを探して抜き取り、炎にかざした。籾に入った米がポップコーンのように爆ぜたら食べるのだ。子どもの頃の話で、味の記憶は全く残ってないが、「藁がなくなる!」と母に止められるくらいには延々とやっていたので、楽しかったには違いない。

火の使用の痕跡は、現時点では一七〇万年前のホモ・エレクトスが最古とされているが、彼らが火を利用して食物を調理していたかどうかはわかっていない。一方で、火を用いた調理の痕跡を直接的に示す最古の証拠は、約一七万年前のネアンデルタール人と現生人類のコミュニティによるものになる。最古の火の使用から一五〇万年の間のどこかで調理が行われていた可能性ももちろんあるものの、その痕跡は見つかっていなかった。そもそも「火を使った調理の痕跡」って、どういうものだろう。

イスラエルのヨルダン渓谷北部、古フラ湖畔に Gesher Benot Ya'akov(GBY)遺跡がある。古フラ湖は前期更新世から中期更新世にかけての淡水湖で、約七八万年前から長きにわたりヒト族(*Homini-ni*)の居住地だった。様々な遺物の元の位置を保存したまま急速に封鎖された地層から、アシュール

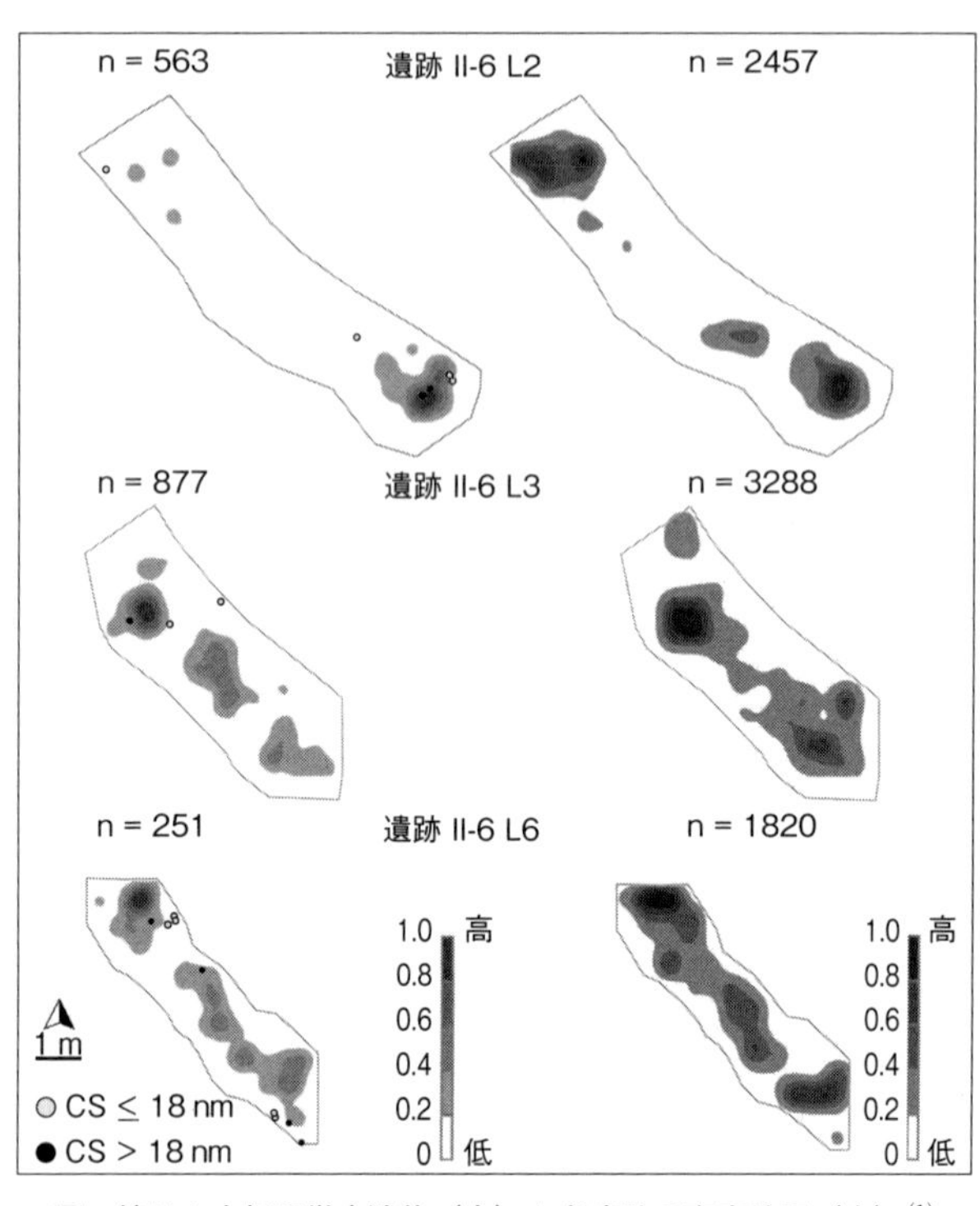


図　焼けた火打石微小遺物（左）と魚痕跡の密度地図（右）[1]

文化のヒト族が湖沼に繰り返し居住し、石器を製作し、動植物を採集し、火を制御していたことが示されている。

Zoharら[1]は、GBY遺跡の魚類痕跡が調理されたものかを検証するため、①魚類痕跡が自然堆積か文化堆積か、②魚類痕跡の空間分布と熱源が関連しているか、③魚歯の微細構造から調理を確認できるか調べた。

①A地区（同定標本数九二〇六）とB地区（三万三一八）で出土した魚類痕跡の分類分析から、A地区は古フラ湖産淡水魚の高い分類群、幅広い魚

体サイズ、骨格要素の多様性を示し、自然死集合体と考えられるが、B地区は咽頭歯（喉の奥に三列に並んだ臼状の歯）が九割以上を占め、咽頭歯以外の骨がほとんどなく、咽頭歯の多くはコイ科の大型淡水魚二種（全長一メートル以上の *Luciobarbus longiceps* と *Carasobarbus canis*）のものだった。この二種は、貴重な栄養源を含み、脂肪分が多くジューシーらしいが、乱獲され、今は小さい個体しかいない。希少なのだ。

②B地区の三カ所において（図）、焼けた火打石微小遺物（幻のかまど）と魚痕跡（ほぼ咽頭歯）の密度分布が重なった。魚の骨は残らないが咽頭歯は残る程度の温度で調理された可能性が高まった。

③歯のエナメル質にはハイドロキシアパタイトのナノ結晶がぎっしりと詰まっていて、加熱によりナノ結晶サイズ（CS）は大きくなる。現在希少となった二種のうち、かろうじて手に入った*L. longiceps* の新鮮な歯二本と、養殖のコイ科のアオウオ（*Mylopharyngodon piceus*）の新鮮な歯四本のCSが一四〜一七ナノメートルとほぼ一緒だったので、アオウオの歯一七本を加熱実験に使用した。その結果、中温（二〇〇〜五〇〇度）処理された歯のCSは一八〜二二ナノメートル、高温（五〇〇度以上）では二三ナノメートル以上となった。GBYのA地区（自然堆積群）の三本のCSは一四・二〜一六・七ナノメートルだったが、B地区の二五本のCSは一四・二〜二〇・七ナノメートルで、そのうちの一〇本が一八ナノメートルを超え、最大二〇・七ナノメートルなので中温に曝されたと考えられる。さらに、CSが一八ナノメートルを超えた咽頭歯の位置（図の●）は「幻のかまど」の位置と一致していたのだ。CSが二三ナノメートル以上のものがなかったことから、魚を生で食べた残りをか

まどに放り込んだとは考えにくい。Zoharらは、七八万年前のヒト族は大型のコイ科魚類を捕まえて、五〇〇度以下の温度を保つ何らかの方法で調理したと考えている。

わが家の焼き魚担当は夫である。夜な夜な庭に七輪を据えて団扇をパタパタして焼き上げる魚はかなりおいしい。焼いていたのかどうかは定かでないが、七八万年前の魚もおいしかったのだろうか。「俺が焼いたほうがおいしい……はず」と自信があるのかないのかよくわからないことを言っているが、たしかに、そうでない可能性だってあるのだ。

## 引用文献


（1） Zohar, I. *et al.* (2022). Evidence for the cooking of fish 780,000 years ago at Gesher Benot Ya'aqov, Israel. *Nature Ecology and Evolution*, *6*, 2016–2028.

# 左は小、右は大

オランダの抽象画家ピート・モンドリアンの《New York City I》という作品が「あろうことか」逆さまに展示されていたというのだ[1]。未完成だったらしく、サインがないので間違えたらしい。一九四五年にニューヨーク近代美術館（MoMA）で初展示されてから七七年間も逆さまのままだった。縦横に交差しながら、白いキャンバスに赤・黄・青・黒の鮮やかなテープが貼られた作品でニューヨークのスカイラインを表しているという。テープの密なほうを下にして展示していた。ところが、パリのポンピドゥー・センターに展示されている一九四二年の《New York City》という作品は密なほうが上なのだ。さらに、当時アトリエで撮影された写真を確認したところ、《New York City I》の制作中の写真が見つかり、密なほうが上で置かれていた。これはもう本当に、逆さかもしれない。テープが密な部分は暗いニューヨークの空を表現していると言われればそう見えるし、下（地面）が暗いほうが安定していると言われればそう見えてしまう私なんかには、どちらが正解かなんて、てんでわからない。抽象絵画とは関係ないのだけれど、言葉の使い方をちょっと思い出した。「年上／年下」「値が上がる／下がる」「以上／以下」というように、数量が多いと「上」少ないと「下」だ。もちろ

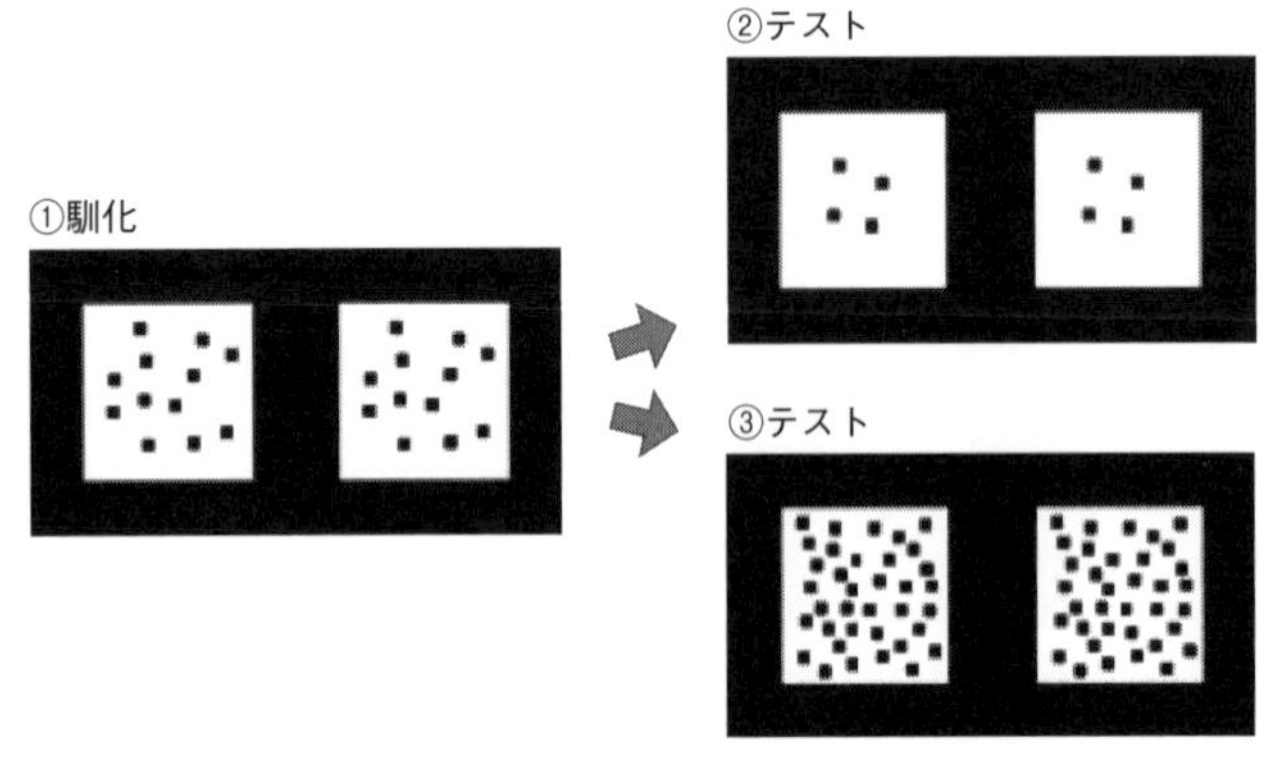


図　新生児に呈示した図形（引用文献[2]を参考に作成）

んモンドリアンの絵とは関係ない。

ヒトは、左側に小さい数字、右側に大きい数字を並べる傾向があり（心的数直線：mental number line）、小さい数字が左側に、あるいは大きい数字が右側に呈示されると、逆に呈示されるときよりも反応が速くなる。空間的な数の配置と反応との関係をＳＮＡＲＣ（spacial-numerical association of response codes）という。ところが、右から左に読むアラビア文字を使う文化圏ではＳＮＡＲＣ効果が弱いことから、読み書きの慣習や定規などの道具の使用に基づく文化の影響も指摘されている。そこで、Giorgio[2]らは、新生児で調査した。まず、図①の図形を新生児に呈示する。左右同じ図形で、黒色の正方形が一二個描かれている。一二個の空間配置パターンはほかに四種類あり、それらがランダムに呈示される。一種類の図形だけでは「数」ではなく、模様として空間配置を記憶してしまう可能性があるからだ。新生児が馴化する（飽きて見なくなる）まで繰り返し呈示する。新生児が馴化した後、図②と図③のテスト刺激が呈示された。テスト刺激は馴化で経験した数（図①：一二）よりも小さい数（図②：四）と大きい数（図③：三六）だ。図②と図③の試行は連続して行われ、半数の新生児は最初の試行で図②を、二回目の試行で図③を呈示され、残りの半数は最初に図③を、二回目に図②を呈示された。

馴化では、新生児（二四人：生後五一時間）は左右の刺激を均等に見ていた。ところがテスト刺激では、図②の試行では左を右よりも有意に長く見て、図③の試行では右を左より有意に長く見たのだ（試行の順は結果に影響しなかった）。このバイアスは馴化で経験した「数」によってひき起こされたと考えられ、新生児が小さな数は空間の左側に、大きな数は右側に関連づけていることを示唆している。しかし、正方形は同じ大きさだったため、新生児のバイアスには正方形の全体の面積や周囲の長さが影響したのかもしれない。そこで実験2では、図②の各正方形を大きくして、図①の正方形の合計周囲長と同じにした。実験2では先ほどの実験とは逆に、大きくした四つの正方形からなる図②で馴化させて、図①でテストをした。すると、新生児（一二人：生後六五時間）はテスト図①の右の図形を左よりも有意に長く見たのである。新生児のバイアスは「数」によって生じた可能性が高くなった。

新生児は、最初に慣れた「数」から、それより小さい数を左の空間に、大きい数を右の空間に自発的に関連づけた。同様の傾向は、ヒヨコやミツバチでも確認されている。しかし、なぜ小さい数を左の空間に、大きい数を右の空間に関連づけるのかは、まだ解明されていない。ヒトでは文化の影響を受けて、逆になることもあるようなので、どちらでも不自由はないのかもしれないが、それならなおさら、なぜヒヨコにもミツバチにもヒトにも同じバイアスが備わっているのだろうか。

## 引用文献

（1） Enking, M. (2022). Has this Piet Mondrian painting been hanging upside down for 77 Years? *Smithsonian Magazine*, 1, November.

（2） Giorgio, E. D. *et al.* (2019). A mental number line in human newborns. *Developmental Science, 22(6)*, e12801.

# 気のせいです

少し前に夫が入院していた時の話だが、それなりに大きな手術を終えた彼は、ある晩、麻酔が切れた痛みに耐えきれず、夜中にナースコールを押した。「何となく、点滴の追加か何かを期待していた」ところに来てくれた看護師さんは、小さな錠剤を一つだけくれたそうだ。「こんなものでこの痛みが治まるものか！」と内心逆上したらしいが、飲んでみたら小一時間ほどで治まった。「薬ってすごい、と思ったなあ……」という感想が薬局の息子のものとは思えないのは置いておいて、そう、薬はすごいのだ。とはいえ、本物の薬に限らず、プラセボの薬でも効果は驚異的で、効果があると期待すれば（ときにはそれがプラセボだとわかっていても）、痛みをやわらげることがある。

テーブルの上にあるコーヒーカップに手を伸ばす時、伸ばす速度と難易度との関係を説明したのがフィッツの法則だ。一九五四年にポール・フィッツは、上肢による運動の開始点から終了点までの移動時間（ＭＴ）が到達すべき目標までの距離（Ａ）と目標の横幅（Ｗ）に依存し、目標が遠くて小さいと難易度は高く、近くて大きいと難易度は低くなることを示した（$MT = a + b \log_2(2A/W)$：ａ、ｂは実験定数）。難易度指数（$ID = \log_2(2A/W)$）がＭＴに影響を与え、ＩＤが大きいほどＭＴは大きく（長く）

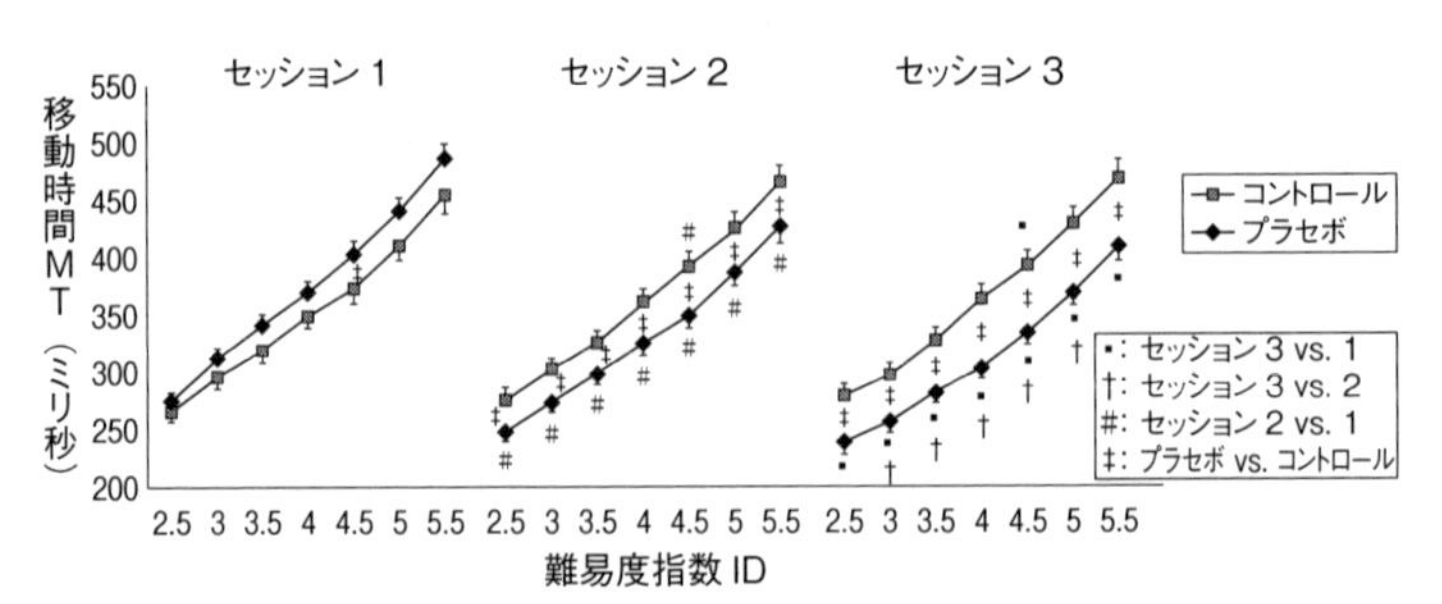


図　各セッションにおける結果

なる。Fiorioら[1]は「目標に向けた動き」に注目し、プラセボ電気刺激によって、参加者の腕が目標に向けてより速く動くかを検討した。

タッチスクリーン画面を六〇度向こうに寝かし、その前に参加者（二四人）は座る。各試行は、画面の左側の開始点（一〇×一〇ミリの白い正方形）にペンを置くことで始まる。参加者のペンが開始点で安定した後、一～二秒の間に、聴覚的な合図（三キロヘルツ、一〇〇ミリ秒）と同時に画面右側に標的（白い長方形）が出現する。参加者は、右腕をできるだけ速く正確に右方向に動かし、ペンで標的に到達するよう教示された。各試行が終了すると標的は消え、参加者は次の試行のために再びペンを開始点に置く。標的の縦の長さは常に一〇一ミリだが、標的の幅（W）および出発点からの距離（A）を変化させ、IDを二・五～五・五にした（図の横軸）。

参加者は二日間で二条件（プラセボとコントロール）を行った（一二人は一日目にプラセボで二日目にコントロール、他は逆）。実験を開始する前に、無作為に選択した標的を用いて一〇回の練習試行を行い、参加者に課題に慣れてもらった。各条件（プラセボとコントロール）は、三つのセッションで構成され、各セッションは一六〇試行からなる。セッション1でベースラインを測定、セッション2と3では、課題開始前に、経皮的電気刺激療法の機器（TENS）を右腕に装着し、各条件に応じた言語情報を与えた。参加者には、TENSによる運動能力向上効果を調べるために、二日に分けて異なる周波数の刺激を与えると告げたが、実際は二日間とも同じ刺激周波数（一〇ヘルツ――パフォーマンスに影響しない）だった。

実験者は、プラセボ条件では、TENSは活性モードで、課題中の動作速度と精度の向上に適した刺激周波数に設定したと参加者に告げ、コントロール条件では、TENSは不活性モードで、皮膚にわずかな感覚を覚えるものの、刺激周波数は運動の実行に影響を与えないと参加者に告げた。

実験の結果（図）、セッション1では条件間に差は見られなかったが、セッション2と3では、プラセボ条件はコントロール条件よりも移動時間が、試行の難易度に関係なく有意に短かった。さらに、プラセボ条件では、セッション2よりも3でさらに短く、プラセボの「投与量」が多いほど、より強い結果が得られることが示されたのだ。また、プラセボ刺激を受けた参加者は、課題の成績がよくなると期待し、課題終了後に、よりよい結果を得たと感じ、疲労感も少なかったと報告した。

プラセボという「他者からの情報操作」に対する反応傾向には、それが中長期的な身体反応であろうと短期的なパフォーマンスであろうと、「操作された情報」をあるレベルで信じる、あるいは信じようとする、自己の情報処理過程が含まれている。シンプルで美しい実験とデータを読みながら、進化生物学者のロバート・トリヴァースが、（特に競合場面における）「自己欺瞞」の適応的意味を指摘しているのを思い出した。「自分を信じて生きる」のも「自分をだまして生きる」のも、結局同根なのかもしれない。

## 引用文献

（1） Fiorio, M. *et al.* (2022). The placebo effect shortens movement time in goal-directed movements. *Scientific Reports, 12*, 19567. doi: 10.1038/s41598-022-23489-y

# くねくね伸びる目

深夜ひとりで留守番をしていたら、「ズゾゾッ、ズゾゾッ」という何かを引きずるような音が庭から聞こえてきた。誰かいるのかとおびえながらも、思い切って庭に出てみようかどうしようかと迷いながら考えた。そう言えば、このところ、朝になると庭を横切るように落ち葉の一本道ができている。どう考えても偶然ではなく、明らかに何者かが落ち葉を運んだ跡のようだ。何者かを知りたくて、暗視カメラを取りつけて確認したところ、両手いっぱいに落ち葉を抱えたアナグマが、後ずさりしながら運ぶ姿が映っていたことを思い出した。「あ、この音はあのアナグマだ！」と音と暗視カメラの映像が結びついた瞬間、安堵した。再び庭から聞こえてくる音を聞いていたら、今度は「ろくろ首」という妖怪を思い出した。首がくねくねと伸びる妖怪だ。もしも、「ろくろ首」が首を地面に這わせてくねくねと伸ばしたら、こんな音なのかもしれないと思ったのだ。その昔、アナグマの落ち葉を運ぶ音を夜中に聞いた人が、音から想像したおばけが「ろくろ首」だったらおもしろいなあと妄想していたら、「ズゾゾッ」が楽しく聞こえてきた。

くねくね伸びる首ではなくて、くねくね伸びる目が見つかった（図）。図はサナギから出てきたミバ

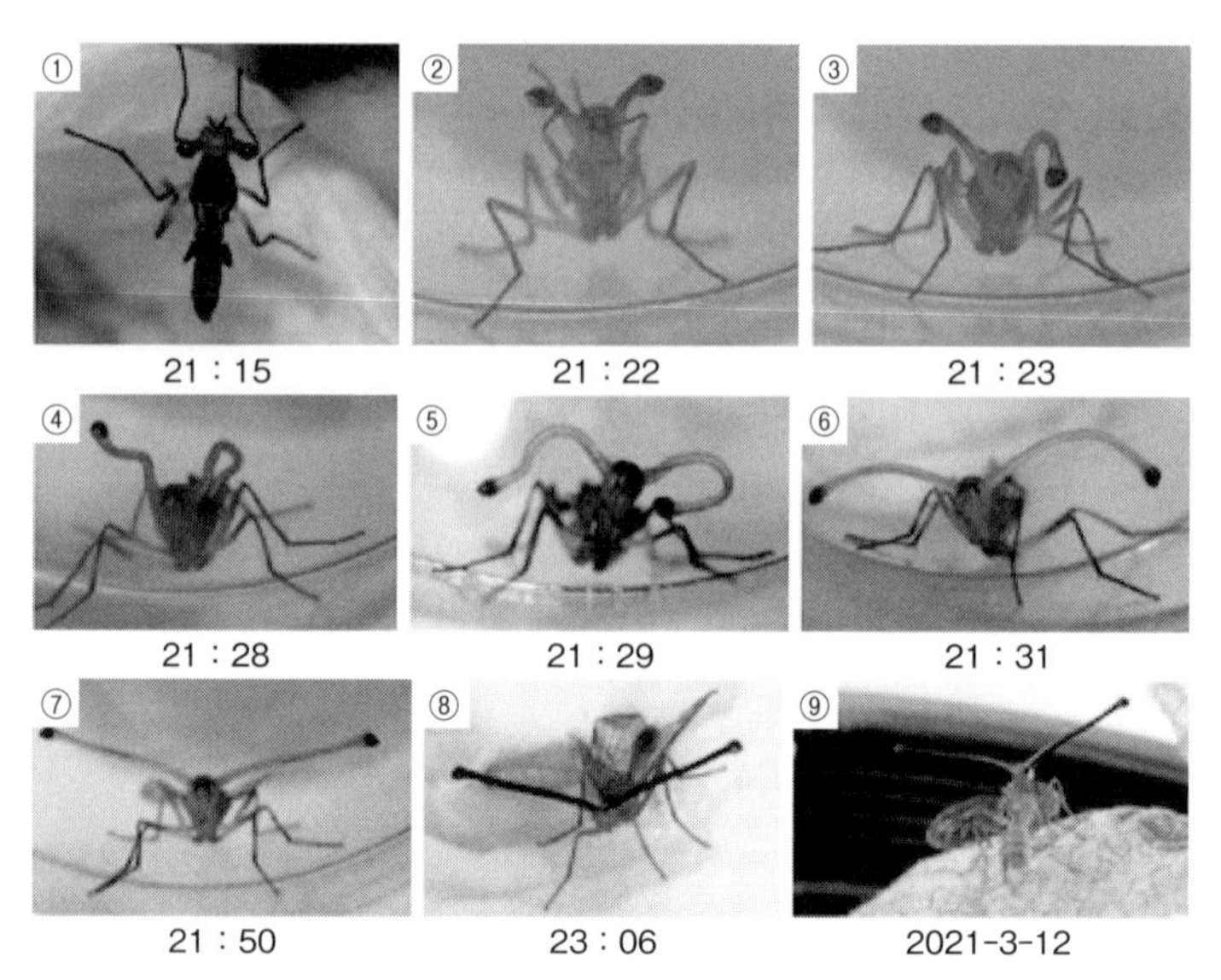


図　羽化後、*P. tangliangi* のオスの眼柄の伸びる様子（提供：Chaodong Zhu）
①は羽化後16分、羽化から約50分で眼柄が伸び（⑦）、その後、硬化して黒くなる（⑧）、⑨は翌日の様子

エ科の一種、*Pelmatops tangliangi* のオスが、眼柄（がんぺい）を伸ばす様子だ。サナギから脱皮した直後、目は頭のすぐ横にある（図①）が、その後くねくねしながら伸びていく。この図は、Huangfuら[1]が、中国のZhougong Mountain（周公山）でハエ目ミバエ科 *Pelmatops* 属の数種の野外での観察と研究室での飼育観察から、その生活史に関する全貌を初めて詳細に明らかにした、ほんの一部だ。くねくねしながら伸びていくのは *P. tangliangi* のオスの眼柄だけだったそうで、*P. ichneumoneus* のオスとメスの眼柄は直線的に伸びたという。最終的にはどの種の眼柄もまっすぐになって硬化する。カタツムリのように伸び縮みするわけではない。

目が左右に突き出ているハエと言えば、「シュモクバエ」が有名だ。シュモクバエの眼柄は羽化後、直線的に伸びる。動画（https://www.youtube.com/watch?v=ZGdfIX5x8XM）を見ると、（開始一分後から）シュモクバエの眼柄はぐぃーんと伸びていく。くねくねもぐぃーんもすごい。シュモクバエやシュモクザメのシュモク（撞木）は、半鐘などを打ち鳴らすハンマー状の棒のことで、頭部の形状からつけられた和名だが、シュモクザメの英名もhammerhead sharkなので同様だ。ところがシュモクバエは英名ではstalk-eyed flyで、柄のある目を持つハエといったところか。小さいのでハンマーに見えなかったのだろうか。図の*P. tangliangi*はstalk-eyed fruit fly（柄のある目を持つミバエ）という英名だが、和名は調べたけれどわからなかった。まだないのかもしれない。

そう言えば、シュモクザメの鼻の穴は目の近くにあるので、二つの鼻の穴はかなり離れている。目が離れていると広く見渡せるというが、鼻の穴が離れていると広く匂いを嗅げるのだろうか。

引用文献

（1）Huangfu, N. *et al.* (2022). The first biological portrait of stalk-eyed fruit flies: Life history, reproductive biology and host use patterns in pelmatops spp. (Diptera: Tephritidae). *Annals of the Entomological Society of America*. *115*(*5*), 365-377.

# イワナのあくび

ヴォルフガング・アマデウス・モーツァルトの大作オペラ「フィガロの結婚」の初演に臨席した皇帝ヨーゼフ二世が四幕目であくびをしたために上演が打ち切られてしまう話を、昔の映画「アマデウス」（ミロス・フォアマン監督、一九八四年）で見たことがある。ここでのあくびは決定的な「退屈」のシグナルのようだが、あくびはそれに限ったものではない。

そういう話をしていたら、夫が「これは最近の発見なのだが」と自慢げに言いだした。数年来続けてきた毎朝のストレッチのおかげで、「ストレッチをすると確実にあくびが出ることを発見した」というのだ。発見内容のどうでもよさが流石である。しかし、ちょうど私が読んでいたProvineのレビュー(1)に、あくびとストレッチは一緒に生起しやすいと書かれていると教えたら、「自分が見つけたと思っても、大概すでに誰かが見つけてるのが科学の侮れないところだよなあ……」とがっかりしていたので、「あくび」の大家のロバート・プロヴァインと同じことに自分で気づいたのは偉いと褒めておいた。

あくびは換気のために行われるのではないことを、室内の二酸化炭素や酸素の濃度を操作した実験

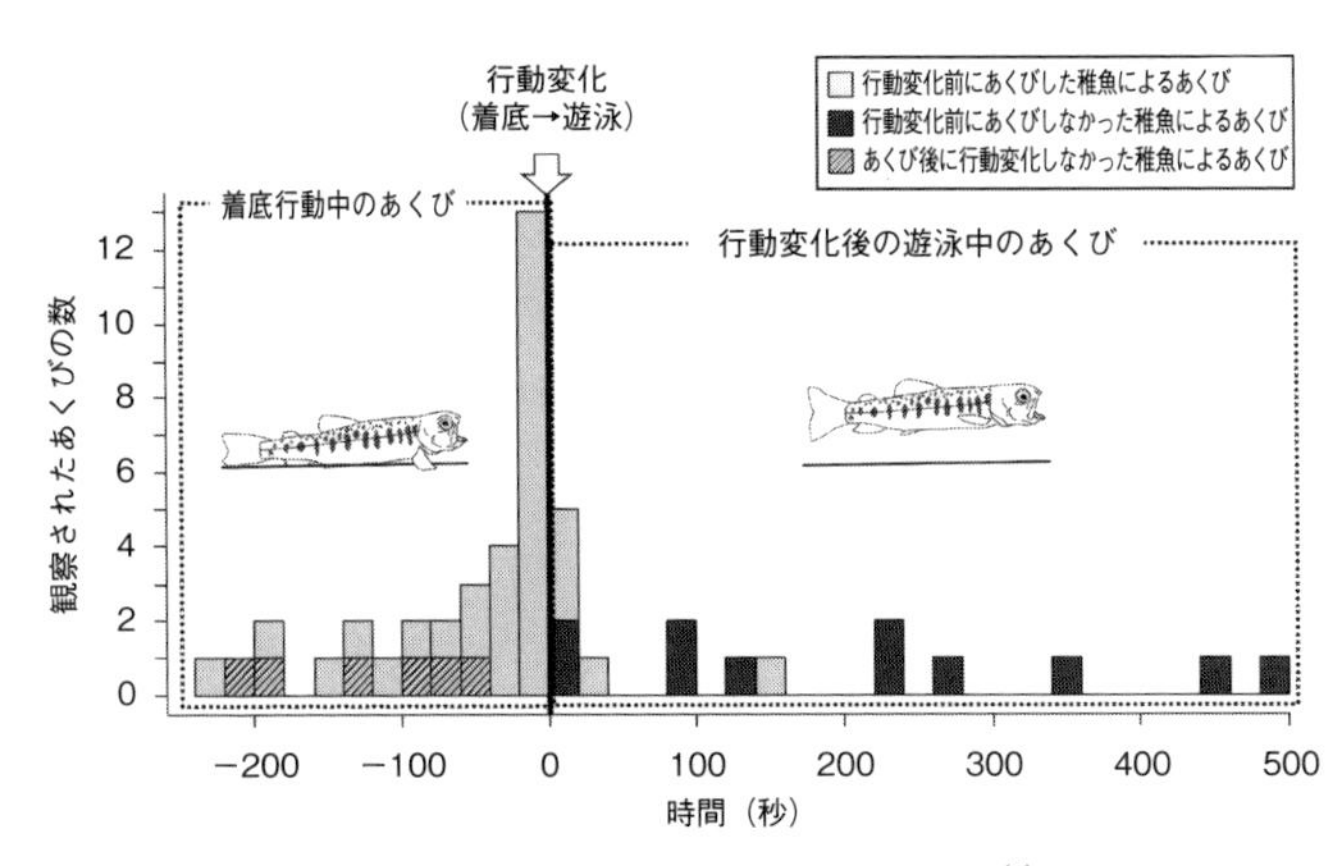


図　あくびと行動変化の時間的関係[2]

で明らかにしたプロヴァインは、ほとんどの脊椎動物はあくびをすると指摘している。たしかに、魚類にも「大きく口を開ける行動」が見られるが、しかしそもそも、これはあくびなのだろうか。

あくびによって脳が冷却されることや、生物がある種の活動から別の活動に切り替えるときにあくびが発生することから、あくびは生理機能を活性化させ、活動の変化を促進するのではないか（状態変化仮説：state-change hypothesis）と言われているが、これに沿うならば、水生動物の「大きく口を開ける行動」（開口行動）も「あくび」と呼んで差し支えないだろう。Yamadaら[2]は、この状態変化仮説をイワナ（*Salvelinus leucomaenis*）で検証した。イワナの稚魚は川底に静止する行動（着底行動）を頻繁に行う。着底行動と遊泳行動は対照的な行動なので、着底行動から遊泳行動への状態変化と、開口行動との時間的関係を調べたのだ（図）。北海道南部の黒羽尻川からイワナの稚魚四六匹を捕獲し、研究室の水槽に移した。一〜二日後、水温五度の個別水槽で観察と録画を行い、各個体一〇分間の記録映像から、吻部が明確に写っていた四一個体のうち二三個体で計四八回の開口行動が確認された。さらに、四八回の開口行動のうち三二回は着底時に観察され、特に着底から遊泳への行動変化が起こる直前に開口行動が集中していたのである（図）。ここで観察されたイワナの開口行動は状態変化との時間的関係から「あくび」と言えそうだ。

一九九六年にウィスコンシン大学で開催された国際学会で、プロヴァインの研究の「ファン」だった夫がポスター会場で気づいて教えてくれた、豪快に話している研究者が「あくびの大家」であることをそのとき知ったが、「へえ」と思って遠くから眺めただけだった。

それからかなり経って、ちょっとしたきっかけでプロヴァインさんとメールでやりとりをして「ウィスコンシン大での君の発表を覚えている」と書いてくださったのに大変恐縮したのだが、それをいいことに、関連の論文などを読んでわからないことがあると、たまに相談するようになった。今回のイワナの論文を読んだときも「そうだメールしなきゃ……」と反射的に思ってしまったが、二〇一九年に亡くなったプロヴァインさんは、もういないのだった。


引用文献

（1） Provine, R. R.（2005）. Yawning. *American Scientist, 93(6)*, 532–539.

（2） Yamada, H., & Wada, S.（2023）. Fish yawn: The state-change hypothesis in juvenile white-spotted char *Salvelinus leucomaenis*. *Journal of Ethology, 42(2)*. doi: 10.1007/s10164-023-00777-2（図は、北海道大学プレスリリース二〇二三年一月一八日より）

# ハリモグラの鼻ちょうちん

日本が冬だとオーストラリアは夏だ。冬の寒い日にオーストラリアの論文を読むと温かい気持ちになる。オーストラリアには、卵生だけれど母乳で子どもを育てる単孔類のハリモグラが生息している。ハリモグラは真夏でも汗腺がないので汗をかかないし、イヌのように口を開けて喘ぐこともなければ、舌で体を舐める行動が観察されたこともない（ハリモグラの舌はアリやシロアリを舐めとることに特化しているため毛づくろいには向いていないそうで、毛づくろいには後ろ足の長い爪を使うのだとこの後登場するクリスティン・E・クーパーさんに教えてもらった）。それでもオーストラリア全土に広く生息しているのは、高い気温での活動を避け、夏は夜間行動に切り替えるといった行動を取るおかげだと考えられていた。

しかし、本当にそれだけだろうか。実はハリモグラは、暑さをしのぐ方法をほかにも持っているのではないか。Barkerら[1]は、オーストラリアの乾燥地帯の大部分に生息しているハリモグラの一亜種（*Tachyglossus aculeatus acanthion*）を七頭捕獲し、室内温度を一〇～三二・五度に調節して行動などを調べたところ、室温が高いと手足と吻先（鼻孔と口は吻先にある）を伸ばして腹這いになり、さらに高温になると鼻孔から泡を吹く。鼻ちょうちんだ！　それがはじけて吻に湿った層を作ることが観察さ

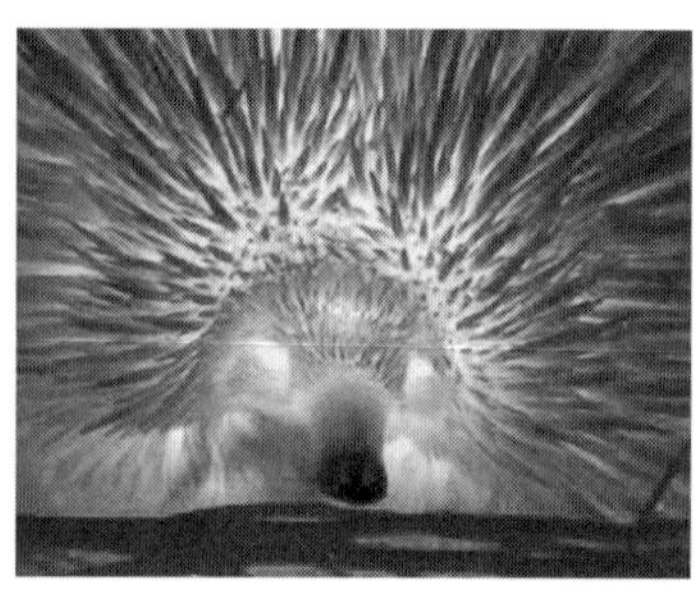

図　吻先が湿っているハリモグラ（左）とハリモグラの熱分布画像（右）（提供：Christine E. Cooper）

れたのだ。Barkerらは、鼻ちょうちんで吻先が濡れ、その蒸発熱で血液が冷やされて体温が下がる可能性を指摘している。真夏のオーストラリアでハリモグラが活動できる鍵は、腹這い姿勢と鼻ちょうちんにあるのかもしれない。

そこでCooperら[2]は、パースの南西約一七〇キロのブッシュランドに生息する野生のハリモグラの体表面温度を記録し、気温との関係を調べることにした。一〜二〇メートルの距離から、赤外線サーモグラフィーカメラで一年を通して二二四個体（亜種の特定や個体識別はできなかった）を撮影した。年間の周囲温度は一〇・七〜三七・四度、暑さ指数（WBGT：気温・湿度・輻射熱から計算）は八・四〜二七・八度だった。映像から体の各部位（吻先、耳、腹、足の内側、トゲで覆われている側背部など）の平均表面温度を算出したところ、吻先が最も低く一九・三度、耳が最も高く二九・二度だった。暑さ指数とすべての部位の表面温度は相関したが、吻先と側背部以外は体温を反映していた。これらの結果は、これまでに報告された体温調節機能（トゲで覆われている側背部は断熱効果がある・トゲのない腹側と足の内側は熱交換可能・鼻ちょうちんは吻先を冷やす）を支持していた。

湿ったイヌの鼻に触れるとひんやりしているが、ハリモグラの湿った鼻も冷たいそうだ。イヌは鼻を舐めたり粘液で、ハリモグラは鼻ちょうちんで鼻を濡らしている。論文執筆者に鼻ちょうちんがついたハリモグラ画像をお持ちか伺ってみたが、残念ながら手元にないということで、代わりに吻先の濡れた画像（図）を送ってくださった。その後、動画（https://www.youtube.com/shorts/bfLP_HNEdfo）を見つけたのでクーパーさんに知らせたら喜んでいたが、説明が間違っているところがあったそうだ。

サーモグラフィーで見ると、ハリモグラの鼻は青い（図をカラーでお見せできないのが残念だ）。鼻が赤いと言えばサンタクロースのソリを引く赤鼻のルドルフ（トナカイ）だが、サーモグラフィーで見たらトナカイの鼻が本当に赤かったといって大喜びしている素晴らしい論文[3]もあった。赤鼻のトナカイ。青鼻のハリモグラ。そう言えば「青洟を垂らす」という表現もあったが、ハリモグラは鼻ちょうちん。いろいろややこしいが楽しい。

### 引用文献

（1） Barker, J. M. *et al.* (2016). Reexamining echidna physiology: The big picture for *Tachyglossus aculeatus acanthion*. *Physiological and Biochemical Zoology, 89(3)*, 169–181.

（2） Cooper, C. E. *et al.* (2023). Postural, pilo-erective and evaporative thermal windows of the short-beaked echidna (*Tachyglossus aculeatus*). *Biology Letters, 19(1)*, 20220495. doi: 10.1098/rsbl.2022.0495

（3） Ince, C. *et al.* (2012). Why Rudolph's nose is red: Observational study. *BMJ, 345*, e8311.

# ヒナとお日さま

「生命」とは何だろう。大仰に始めてみたが、特に大仰なことを考えているわけではない。何を「生命」と呼ぶのかという定義は人工生命やＡＩの捉え方によってもたやすく揺らぐが、それはそれとして、目の前の特定の物体にアニマシー（生命らしさ）を見出すとき、これもまた正解ばかりとは限らないとはいえ、われわれは何を手がかりにしているのだろう。

自種であれ捕食者であれ餌であれ、アニマシー検出は個体の生存に不可欠だ。出生直後からの自発的なアニマシー検出は、その物体に注目させ、脅威の回避、（世話をする成体への）刷り込みといった適応的な反応を支えている。しかしほとんどの場合、これらは生命の定義への適合度を計算しているわけではなく、特定の知覚的手がかり、あるいは複数の手がかりの組み合わせに対する反応で実現されていると考えられる。手がかりの実例としては、顔に似た刺激や目的志向性、変速運動などが報告されているが、これを書いている部屋の外で、庭の桜が散り始めた。花びらが地面に落ちていくけれど、仮に落ちた花びらが風もないのに上昇したら、どんなふうに感じるだろうか。成人を対象とした実験では、上方に動く刺激のほうが下方に動く刺激よりも生命らしく見えると報告されている。そこ

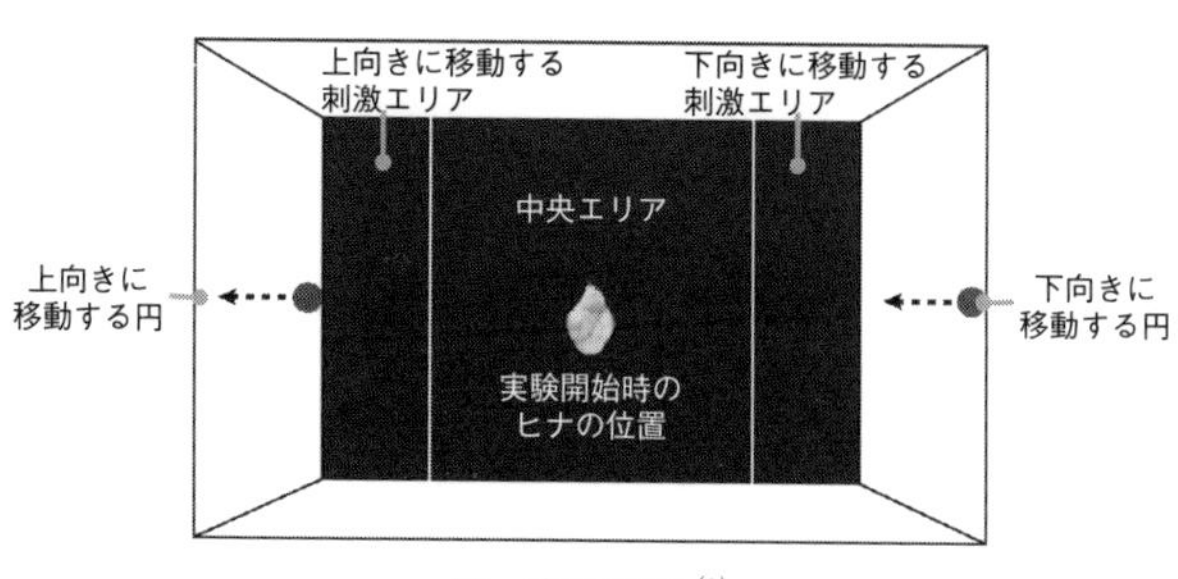


図　実験装置[1]

でBlissら[1]は、重力に逆らう動きとアニマシーとの関連がヒト以外の動物にも共有されているのか、共有されているとしたら経験が必要なのかを、完全な暗闇の中で孵化し（孵化後一日以内）、動くものを見たことがないセキショクヤケイ（*Gallus gallus*）のヒナで検討した。

図のような装置の左右の壁に、実験1では五五羽のヒナに、直径三・二三センチの赤い円が九・八一メートル毎秒毎秒の加速度で上向き／下向きに移動する映像を呈示し、実験2では五一羽のヒナに、同様の赤い円が一定の速度（毎秒三・五七メートル）で上向き／下向きに移動する映像を呈示した。赤い円はヒナにとって魅力的なのだ。装置の中央にヒナを置き、トラッキングツールを使って二〇分間自動追跡した結果、実験1のヒナも実験2のヒナも下向きよりも上向きに移動する円を選好し、上向きの刺激に向かって移動したときのほうが下向きのときよりも、初回接近潜時（実験開始からヒナが最初に刺激エリア（図）に入るまでの時間）が短かったのだ。実験3では、四八羽のヒナに加速して上向きに移動する円（実験1と同じ）と、一定速度で上向きに移動する円（実験2と同じ）を呈示したが、どちらかをより選好するということはなかった。

ヒナは高速で迫ってくる刺激を回避するので、上向きの刺激に対する選好は、下向きに移動する刺激（接近する刺激）からの逃避反応かもしれない。そこで三一羽のヒナに、加速して下向きに移動する赤い円を一方に呈示し、もう一方を空白にした。するとヒナは下向きの刺激に対して非常に強い選好を示した。上向き刺激への選好は下向き刺激からの回避ではなかったのだ。重力に逆らう上向きの動きはアニマシーの手がかりとなり、視覚経験のほとんどないヒナがその手がかりを使って接近しているのだろうとBlissらは考えている。アニマシーへの無差別的な接近がそのまま適応的と言えるかはわからないが、ヒナの置かれる生態学的な環境の検証を踏まえることで、この解釈の妥当性は今後検証可能なように思えた。

ヒナが赤い円に向かっていく映像（https://royalsocietypublishing.org/doi/suppl/10.1098/rsbl.2022.0502 のMovie S6）を眺めていて、『クララとお日さま』（カズオ・イシグロ　土屋政雄（訳）早川書房、二〇二一年）を思い出した。クララは、起動直後から様々な経験を通して自律的に学習を積むＡＩロボットだが、クララ自身が太陽光エネルギーで駆動していることもあって、自分だけでなく人間も太陽の光で生かされていると信じるようになる。クララを購入した家の少女が病に伏したとき、クララは少女の回復を太陽に頼みに行こうとするのだ。

クララと同じように人類が、規則性を備えて運動する（ように見える）太陽にアニマシーを見出してきた歴史の基盤にも、ヤケイのヒナで見出されたのと同じ行動傾向があるのかもしれない。夫にその話をしたら、彼は動画を見ながら「『クララ』もわかるけど、この赤い円の運動のスピードはどちらかと言うと『天才バカボン』のオープニングアニメを思い出す」と言った。お日さまが西から昇ったらアニマシーどころではない気もするけど。いや、それこそがアニマシーの発揮しどころか。

### 引用文献

（1） Bliss, L. *et al.* (2023). A spontaneous gravity prior: Newborn chicks prefer stimuli that move against gravity. *Biology Letters, 19(2)*, 20220502. doi: 10.1098/rsbl.2022.0502

# 死んだ（ふり）

わが家で消費する米の量はたかが知れているので台所に置いた小さな精米機で間に合っているが、うちから国道に出る手前には一坪くらいのコイン精米所があって、もっと大量の米を好きなときに持って行って精米できるようだ。順番待ちを見かけることがまれにあるくらいには繁盛している。昼には周りにおこぼれを狙うハトがいたり、夜に灯りがぼんやりと闇に浮かんでいたりするのも風情がある。しかし、論文を読んでいて、同じような風景が日本中にあることに思いを馳せることになるとは思わなかった。

Matsumuraら[1]はコクヌストモドキ（*Tribolium castaneum*）という甲虫（図A右下）の擬死行動（死んだふり）の地域差に着目して研究を行った。最北は青森県五所川原市、最南は沖縄県西表島に至るまで日本各地のコイン精米機をめぐり、三八カ所で野外個体を採集したのだ。

とはいえ、採集は研究の第一段階で、各地域で採集された個体群はそれぞれ、温度二五度、一六対八時間の明暗サイクル（七時に点灯、二三時に消灯）の実験室環境下で累代飼育された。その上で、採集されてから三世代目にあたる個体が蛹化後にオスとメスとに分け、羽化後二一〜二八日齢で実験を行った（個体群あたり四〇～一七六個体）。コクヌストモドキを静かに仰向けに置き、木の棒で腹部にやさしく触れて擬死を誘発した。擬死の持続時間は、棒が甲虫に触れてから目に見える動きが検出されるまでの時間とした。三回の試行のうちに擬死した個体の割合を、当該地域（図Bでは隣接した採集場所を統合）での誘発率とした。その結果、誘発率（平均±標準誤差＝〇・九一±〇・〇二）と持続時間（同一四・九九±三・八九秒）には、地理的な変異が見られ、高緯度の個体群のほうが低緯度の個体群よりも擬死行動の誘発率が高く、その持続時間も長いことがわかった（図Bの円グラフは、擬死の持続時間が長い（黒）・短い（白）の割合を示す。長い・短いは持続時間ゼロ秒の個体を含む全データの中央値六一・七八秒を境界として分類）。ジュリアン・ハクスレーは一九三八年に、特定の単一形質の空間的勾配を「クライン（cline）」と名づけたが、コクヌストモドキの擬死行動には緯度クラインが見出されたのだ。また、擬死の誘発率はオスのほうがメスよりも有意に高く、持続時間と誘発率との間には統計的に有意な正の相関が見られた。

図A　アダンソンハエトリの前で死んだふりするコクヌストモドキ（右下）（提供：宮竹貴久）

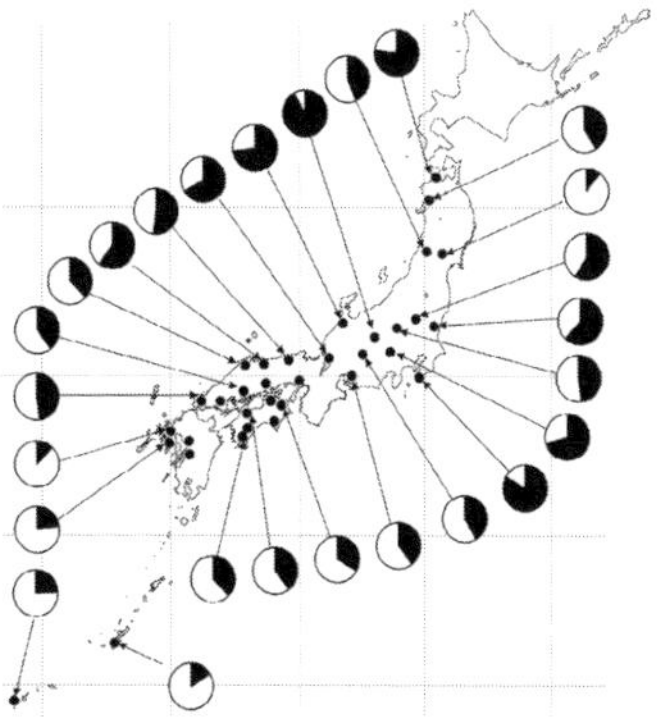

図B　日本各地での死んだふり行動の変異[1]

体サイズなどの形質には多くの動物で緯度クラインが見出されている（例としてオーストラリアでは、鳥は一般に北に行くほど小さくなる）。緯度クラインの多くは、気温など環境要因の影響を受けていると考えられている。Matsumuraらの先行研究でも、ヨツモンマメゾウムシやアズキゾウムシの擬死の持続時間が、高温よりも低温環境下で長いことが明らかになっている。しかし今回の実験は、累代飼育下の個体を対象に、一定温度下で実施されているため、コクヌストモドキの擬死行動は遺伝的要因に制御されることが示唆される。擬死が天敵回避に有効な戦略であることを踏まえれば、捕食者の戦略が緯度によって異なることを反映したのではないか、とMatsumuraらは論じている。

昆虫だけでなく、カエル、ヘビ、鳥、哺乳類にも見られる擬死は刺激に対する反射行動だが、ただ動かなくなるわけではない。呼吸数が低下したり筋肉が硬直したりもする、彼らの生死をかけた対捕食者戦略だ。この行動はあくまでも観察者であるヒトにとって「死んだふり」に見えるから「擬死」なのであって、捕食者にとって「死んだように見える」のかは別の問題だが、捕食を誘発する手がかりが突如消失することが、被捕食者の生存可能性を一定程度上昇させるのだろう。

文学や戯曲で自分が死んだと見せかけるのは「偽死」と書くそうだ。シェイクスピアやモリエールは言うに及ばずだが、個人的には歌舞伎「助六由縁江戸桜」での主人公助六の兄、白酒売が思い出される（二〇一〇年の「歌舞伎座さよなら公演」で先代市川團十郎と共演した尾上菊五郎の名演が忘れがたい）。喧嘩をしかけた侍が実は彼らの母親だったと気づいた瞬間、白酒売は「死ーんだ」と言って地べたに突っ伏すのだが、改めて考えてみると何なんでしょうね、あれ。

## 引用文献

（1） Matsumura, K., & Miyatake, T.（2023）. Latitudinal cline of death-feigning behaviour in a beetle（*Tribolium castaneum*）. *Biology Letters, 19(3)*, 20230028. doi: 10.1098/rsbl.2023.0028

# ハナムグリアマガエル（仮名）

田植えに備えて近所の田んぼに水が入ったことは、外に出てみなくてもわかる。カエルが一気ににぎやかになるからだ。カエルと言えば昆虫などを捕らえて食べる肉食の生物だと思いこんでいたのだが、胃の内容物を調べてみると植物も入っていたりするらしい。大部分は昆虫などと一緒に偶然口に入ってしまったと考えられてきたし、大方外れていない。ところが、ヌマガエル科の *Euphlyctis hexadactylus* とアマガエル科の *Xenohyla truncata* の二種は例外で、植物を習慣的に食べているという。もしかしたら、「うっかり植物を食べちゃった」と思われているほかのカエルの中にも、植物を選択的に食べている種がいるかもしれない。

幼生のオタマジャクシだって雑食性なのだから、成体のカエルが雑食でも驚くことではない気がしなくもないが、今回紹介する論文[1]に掲載された写真（図）にはやっぱりびっくりした。*X. truncata* がブラジル原産のミルクフルーツツリー（*Cordia taguahyensis*）の白い花に、お尻だけ出して全身を沈めている。何かの拍子にこうなった偶然のおもしろショット、というわけではなく、彼らは「花の蜜を吸う」らしいのだ。De-Oliveira-Nogueira ら[1]によると、約五分間にわたって吸引と思われる行動が見

られたという（動画――https://ars.els-cdn.com/content/image/1-s2.0-S2352249623000101-mmc3.mp4）。

*X. truncata* はリオデジャネイロ州の海岸砂地（レスティンガ）にのみ生息しているオレンジ色の小さなアマガエルだ。日中はブロメリア（パイナップル科の植物の総称）の中に隠れ、夜になると活動する。しかし、一九八九年にSilvaら[2]がレスティンガでの観察中に偶然、果実を食べている場面に出くわした。しかし、果実に付着した昆虫などを食べていた可能性もあると考えて、このアマガエルを研究室に持ち帰り、昆虫などが付着していない果実（*Anthurium harrisii*）を与えてみたところ、やはり果実を食べたのだ。昆虫に誘引されて果実を食べたのではないようだ。その後の三年間にわたる調査[3]では、果実が消化管内を移動する際に消化されることや、このアマガエルが食べる数種の植物の量は、その植物の開花や結実時期に依存していて、植物のない時期には様々な節足動物を食べることも明らかになった。どうやら果実は *X. truncata* にとってエネルギー源になっているらしい。*X. truncata* に電気的ストレスを与えると皮膚から毒素（N-phenyl-acetamide）が放出されることから、アルカロイドやテルペンを含んだ植物が毒素源となっている可能性も指摘されている（ヤドクガエルでは捕食するアリやダニが毒素源となっているのと同様に）。

図　お尻だけ出して花に全身を沈めている *X. truncata*[1]

Silva ら[2]はさらに、*X. truncata* の食べた植物（*A. harrisii*）の種子が消化されずに排出されることを発見し、その種子が発芽（幼根の出現）することを確認し、このアマガエルが種子散布を行うことを示した。種子散布者の両生類が報告されたのは初めて、これまでで唯一の事例だ。また、夜間に観察をしていた De-Oliveira-Nogueira ら[1]は、蜜を吸い終わって花から出てきた *X. truncata* の湿った背中に花粉が付着しているのを確認した。*X. truncata* は種子散布者に加えて受粉媒介者としての役割も果たしているのかもしれない。もちろん、受粉していることを実証するには、カエルの皮膚から分泌される粘液で花粉が傷まないか、ほかの花に運ばれていった花粉が受精に成功するか、いくつかの確認が今後必要だ。

*X. truncata* が果実や蜜を食べるようになった経緯も謎のままだ。*X. truncata* とミルクフルーツリーはともに絶滅危惧種であり、彼らの生態学的インタラクションを理解することは、保全のためにも不可欠だと、研究者たちは強調している。

*X. truncata* の和名はまだないようで、わが家では、話題にするのに便利だからとうちの夫が「ハナムグリアマガエル」と勝手に命名したのを暫定的に使用している。庭に来るよそのネコに適当な名前をつけているような感覚を、そのまま原稿のタイトルにしてしまうのもどうかとは思ったのですが。

### 引用文献

（1） De-Oliveira-Nogueira, C. H. *et al.* (2023). Between fruits, flowers and nectar: The extraordinary diet of the frog

Xenohyla truncata. *Food Webs, 35*, e00281.
(2) da Silva, H. R. *et al.* (1989). Frugivory and seed dispersal by *Hyla truncata*, a neotropical treefrog. *Copeia, 3*, 781–783.
(3) da Silva, H. R., & de Britto-Pereira, M. C. (2006). How much fruit do fruit-eating frogs eat? An investigation on the diet of *Xenohyla truncata* (Lissamphibia: Anura: Hylidae). *Journal of Zoology, 270*, 692–698.

# マスク之世界

映画「シン・仮面ライダー」（庵野秀明監督、二〇二三年）を観た。よかった。夫が「集団行動学監修」というので少しだけ参加しており、平成ライダーまではすべて見ている私のほうが仮面ライダー愛が深いはずなのにと理不尽な気もしたが、エンドロールで自分の名前を見つけてこれ以上ないくらいうれしそうなのを眺めていたら、まあいいかという気もしてきた。小学生の頃、一人で「仮面ライダー、正義のマスク」とつぶやくように歌っていた私も、仮面ライダーに会いたいと思ってはいたが、実際に目の前に現れて「お嬢さん」（残念ながら私はもうそういう年齢ではない）と呼びかけられたら、身動きできずに固まってしまうだろう。うれしすぎてではない。恐怖で動けないと思うのだ。もちろん仮面ライダーのマスクはかっこいいと思っているし、正義だとも思っているけれど、あれは正直怖い。この頃はマスクと言えば、毎日お世話になっている鼻や口を覆うものがおなじみだが、そういうマスクでも多少は、特に黒色のマスクには不気味さを感じてしまうのはそのせいだろうか。

先日、ホットアイマスクというものを寝るときに着けたら、布団の中で「目が温かいなあ」と思っているうちに眠りに落ちたので、効果があるような気になったのだけれど、実際はどうなのだろう。

図　Grecoらが使用したアイマスク（左）と穴の開いたアイマスク（右）

以前から睡眠中の人工光曝露が肥満に関連すると言われてはいたが、そのメカニズムはわかっていなかった。そこでMasonら[1]は、健康な成人の参加者二〇人で実験をした。一晩目は照度三ルクス以下の暗い部屋に全員が泊まり、二晩目は二〇人のうちの一〇人が枕元に薄明かり（一〇〇ルクス程度）のある状態で眠った。一〇〇ルクス程度の薄明かりとは、とても暗いくもりの日中、あるいは街灯が窓から差し込む程度の光である。参加者に装着した睡眠時の状態を測定する装置や採血のための点滴チューブから、脳波や呼吸や心拍数の測定、心電図の記録、一時間ごとの採血が行われた。その結果、二晩目に薄明かりを浴びた参加者は、一晩目よりも夜間の心拍数が増加し、心拍変動がより減少し（交感神経と副交感神経のバランスが崩れて血圧が上がる）、翌朝のインスリン抵抗性（インスリンが正常に働かなくなった状態）が高かったのだ。インスリン抵抗性が高まると血中のブドウ糖を利用できなくなり、膵臓から過剰にインスリンが分泌され、これを繰り返すと血糖値が上がり、肥満のリスクが高まる。わずかな光でも心臓病や糖尿病になる可能性があるとMasonらは考えている。

まぶたを閉じると外の光がまぶたを通過する割合は五～一〇パーセントだそうだ。それほど強い光ではないが、このわずかな光が身体に影響を及ぼす。そこでアイマスク研究の登場だ。Grecoら[2]は、成人の参加者八九人に一週間アイマスク（図左）

をして自宅でカーテンや雨戸を開けて寝てもらい、翌週の一週間はアイマスクを着けない、あるいはアイマスクの目の部分に穴を開けたもの（図右）を着けて寝てもらった。各週の最後の二日間に参加者は課題を行う。記憶課題では、参加者は意味的に関連する英語の名詞のペア（八〇ペア）を学習し、一〇分後、モニタ画面にペアの一方の名詞がランダムな順序で呈示されるので、参加者は他方の名詞を答える。覚醒度課題では、モニタの中央の「＋」を集中して見るように言われる。二〜一〇秒後にミリ秒カウンターがモニタに現れるので、カウンターに気づいたらできるだけ速くキーボードのスペースキーを押さなくてはならない。実験の結果、アイマスクを使用したときのほうが、アイマスクなしや穴の開いたアイマスクを着けたときよりも記憶課題の成績は高くなり、覚醒度も向上（スペースキーを押すまでの時間がより短かった）したのだ。アイマスクで周囲の光を遮断して寝れば、心臓病や肥満のリスクが低くなり、翌日の記憶力や覚醒度が向上する。光を遮断する方法はほかにもあるだろうが、アイマスクはいつでもどこでも使え、お手軽だとGrecoらは言う[2]。

もしかしたらホットアイマスクの温かさやアイピローの心地よい重さの研究なども始まったりするかもしれないと思いめぐらしていたら、「マスクは怖いけれど、アイマスクは怖くない」ことに気がついた。それを夫に話したら、「読めないことは怖いけれど、読まれないことは怖くないってことじゃないか」と言って、うまいこととまとめたと言わんばかりの顔をしていた。

## 引用文献


(1) Mason, I. C. *et al.* (2022). Light exposure during sleep impairs cardiometabolic function. *Proceedings of the National Academy of Sciences of the United States of America, 119(12)*, e2113290119.

(2) Greco, V. *et al.* (2023). Wearing an eye mask during overnight sleep improves episodic learning and alertness. *Sleep, 46(3)*, zsac305. doi: 10.1093/sleep/zsac305

# 一万二〇〇〇年前の江戸屋猫八

博多座の大歌舞伎で「廓三番叟」という舞台を観た。中村梅枝丈演じる新造（傾城の妹分）が鶯の声にうっとりした仕草を見せるが、このとき黒御簾（舞台裏）で吹かれるのが鶯笛。こういう所謂「擬音笛」は、江戸時代には、鳥寄せ、お芝居、おもちゃなどとして使われていたらしい。

紀元前一万二五〇〇〜同九五〇〇年頃、旧石器時代の狩猟採集から新石器時代の農業経済への移行期に、レバント（ヨルダン渓谷上流のフラ湖周辺）で初めて定住生活を営むようになった狩猟採集民を、ナトゥーフと呼ぶ。一九九六〜二〇〇五年の発掘調査で、ナトゥーフ文化後期（紀元前一万七三〇〜同九七六〇年代）のアイン・マラッハ遺跡から一一一二個の鳥骨が発見されている。この標本を分析したところ、五八種類の鳥の骨が含まれていて、さらに、そのうち七つはコガモやオオバンの翼長骨（上腕骨一本、尺骨五本、橈骨一本）でできた気鳴楽器（二つの完全なものと六つの断片）であると同定された（「気鳴楽器」を「フルート」と呼び替えても定義上間違いではないが、少なくとも日本語での一般的なイメージとは異なるのでこう書いておこう）。指孔を形成するために骨幹部が一〜四回穿孔され、骨端が残っている三つの先端には穴が開いていた。すべての加工部位に接触摩耗の痕跡があり、すべての楽器が使用

されていたと考えられる。

これまでにもすでに四万年前の気鳴楽器（鳥骨とマンモス象牙のもの）が、ドイツ南西部のSwabian Juraで発見されているので、一万二〇〇〇年前のものが発見されたと聞いても驚くことではないかもしれない。しかしここでのDavinらの疑問は、「どうしてわざわざコガモやオオバンの骨が使われたのか」ということだった。コガモは同定された資料のうちの一一・二パーセント、オオバンは一〇・七パーセントを占めていたが、ナトゥーフの主な狩猟対象は、二二・五パーセントを占めたタカ科や大型の水鳥（ガチョウ、ハクチョウ、マガモ）だ。気鳴楽器の製作に、長い管である鳥の翼骨を選択することは、考古学的・民俗学的記録から考えても不自然ではないが、短くて細い小型の鳥の骨を選んだのは、入手の制約というよりは、むしろ意図的な選択なのではないか。骨の長さと直径が「音」に影響することから、演奏の難しい細い骨（気鳴楽器の長さ六三・四ミリ、直径約四ミリ）がわざわざ選択されたのは、その「音」を求めたからではないかというのだ。

図　製作した気鳴楽器のレプリカを演奏するDavin

Davinらは、完全な形で出土した気鳴楽器から、そのレプリカを作成した（図）。実際に使用されていたオオバンの骨は入手できなかったため、大きさや形が近いマガモの雌二個体の尺骨を使った。その結果、このレプリカが発する強い周波数（三〇〇〇〜四二〇〇ヘルツ、四四〇〇〜五六〇〇ヘルツ、六〇五〇〜七六五〇ヘルツ）は、五八種のうち、ナトゥーフにとって最も身近な猛禽類と言えるチョウゲンボウやハイタカの鳴き声のサウンドスペクトルに類似していることがわかったのだ。

なぜこんな笛を作ったのだろう。猛禽類の声を使った狩猟を行っていた可能性もあるが、その証拠はまだない。遺跡から発見されたチョウゲンボウやハイタカの骨はほとんどが爪で、爪の一部には人為的な改造の痕跡もあったことから、爪は装飾品として使用されていた可能性が高く、ナトゥーフの社会では、猛禽類のような音を発する楽器が、高い象徴的価値を持っていたのかもしれないとDavinらは考えている。

近年の、四万五五〇〇年以上前と考えられる（現時点で）最古の動物壁画（イノシシ）の発見は、具体的な対象を表象し表現することがその時点で行われていたことを示しているし、先に挙げた四万年前の気鳴楽器も、音楽の起源を探る上で欠かせない発見だ。一方で今回の研究では、発掘された気鳴楽器から一万二〇〇〇年前の「道具を使った音声模倣の痕跡」を見出すところに唸ってしまう。

動物の声まねと言えば江戸家猫八師匠だ。うちの夫は最近鳴き出した近所の雄鶏に「猫八のほうがうまいじゃないか」と文句を言っているが、私の記憶の「猫八」は三代目で、今は五代目なのだそうだ。声色で見事にまねる猫八師匠と、道具を使ってまでまねをしようとしたナトゥーフとは、特に心意気というか動機の部分でどこかつながっているのだろう。余談だが、動画（https://www.youtube.com/watch?v=KBf31cKi0Mc&t=8s）でDavinが吹く骨の気鳴楽器をナトゥーフの人々が聴いたなら「うまいじゃん」と思うのか微妙な表情をするのかも、知りたいような気がしないでもない。

## 引用文献

（1） Davin, L. *et al.* (2023). Bone aerophones from Eynan-Mallaha (Israel) indicate imitation of raptor calls by the last hunter-gatherers in the Levant. *Scientific Reports, 13*, 8709. doi: 10.1038/s41598-023-35700-9

# 道しるべがなければ作ればいいじゃない

アリの行列を台所で見つけてしまうのは若干気が重い。先日もそうだった。『この世界の片隅に』（原作（こうの史代、双葉社、二〇〇八―〇九年）もアニメ（片渕須直監督、二〇一六年）も名作だ）の、主人公のすずさんと姪の晴美ちゃんが頭をよぎったが、幸い今回の行列は砂糖や他の（我々の）食料に向かっていたわけではなくてただの通過経路だったらしく、外から入ってまた出ていっただけだった。

行列行動を生み出すアリのフェロモンは有名だが、サバクアリのように、行列を作らないアリもいる。熱せられた地表ではフェロモンが変性してしまうし、そもそも高温乾燥下では高速移動が不可欠で、フェロモンをたどっているわけには行かないようだ。その代わり彼らは、偏光を利用し、歩数を数え、経路を統合して、効率的に帰巣していることが明らかにされてきた。さらにはどうも、自分たちで道しるべを築き上げ、利用することもあるらしい。

チュニジアの塩原（Sebkhet Bou Jemel）に暮らすサバクアリ（*Cataglyphis fortis*）は、餌を探して広大な塩原の奥深くまで歩く。Freire ら[1]は、巣から数百メートルの場所に餌を置き、餌を見つけたアリが帰巣する軌道を（観察者が手にした）ＧＰＳ装置で記録した。二〇匹中一六匹は帰巣に成功したも

図　塩原の奥（中央）にある巣（左）と縁（辺縁）にある巣（右）

の四匹がたどり着けず死んでしまう過酷な帰巣を追う中で、研究者たちは、塩原の奥にある巣だけが「小さな丘」のように盛り上がっていることに気づいた（図）。低木に覆われた塩原の縁（辺縁）は、四〇メートル以上離れると帰巣の際の視覚的手がかりにならないことがすでにわかっていたため、縁から六〇メートル以上離れた塩原の奥にある巣を「中央の巣」（一九個）として、縁から四〇メートル以内にある「辺縁の巣」（一四個）と比較し、両群の巣丘の高さを測定したところ、「中央の巣」では「辺縁の巣」よりも有意に巣丘が高かったのだ。

高い巣丘は、目印の乏しい塩原の奥に営巣するサバクアリの目印なのではないか。そこで、「中央」「辺縁」それぞれの巣のアリが外から戻ってきたところを入口で捕まえ、そのアリがやってきた直線方向に、それぞれ五、七・五、一〇メートル離れた場所まで運んで、再び帰巣する様子を追跡した。実験者に運ばれてしまったアリは歩数などの手がかりを利用できない。この条件で、各距離それぞれ二四匹がテストされた。その上で今度は、巣の入口を塞いだりしないように注意しながら慎重に巣丘を取り除き、再び同様の実験を行った。両条件で帰巣経路を比較したところ、巣丘を除去すると「中央の巣」のアリは、「辺縁の巣」のアリと比較して、帰路の直進性が低下した。また、一〇メートルの距離に置かれた「中央の巣」のアリの帰巣率は著しく低下したが、「辺縁の巣」では巣丘の除去に影響されなかった。

アリの巣丘は温度調節機能を果たしている場合があるが、塩原では、目印としての視覚的機能を持つがゆえに巣丘が築かれている可能性がある。そこで、「中央の巣」一六個の丘を取り除き、二つのグループに分けた。一方のグループには、巣から一メートルの場所に（目印となりうる）黒い円柱（高さ五〇センチ、直径二〇センチ）二個を、巣を挟み向かい合わせて置いた。もう一方のグループには円柱を置かなかった。すると、円柱なし条件では八巣中七巣で巣丘が再構築されたのに対して、円柱あり条件で巣丘が再構築されたのは八巣中二巣だけだった。また、再構築された巣丘の高さを操作の三日後に計測したところ、円柱なし条件では除去前の巣丘に近い値が得られたのに対し、円柱あり条件では低い値にとどまった。サバクアリは、帰巣の手がかりが乏しい場合には巣丘を視覚的手がかりとして利用するだけでなく、利用可能な手がかりが必要な場合にあえて高い巣丘を構築しているようだ。とはいえ、アリの労働は分業されており、採餌に行くのは年長のアリで、巣丘を構築するのは若いアリだ。そうすると採餌アリと巣作りアリの集団間で何らかの情報共有が必要となりそうだが、このプロセスについてはまだわかっていない。

塩原のサバクアリが暮らすチュニジアから、リビアを挟んだ東にエジプトがある。巣丘の写真を見ていると、砂漠の陽炎に揺らぐピラミッドを思い出す。思い出すと言っても行ったことはなくて、砂漠の向こうにあの構築物を見つける感覚はどんなものなのだろうと想像しただけのことだが。このところの暑さの中だと、塩原の片隅で巣丘を見上げるサバクアリの視野を自分の視覚で置き換えてみる、という意味があるのかないのかわからない想像も、少しはうまく行くかもしれない。

### 引用文献

（1） Freire, M. *et al.*（2023）. Absence of visual cues motivates desert ants to build their own landmarks. *Current Biology, 33(13)*, 2802–2805.

# まばたきの始まりは

起きている時間の約一〇パーセントは目を閉じていると言われている。それぐらいヒトはまばたきの回数が多いということだが、この「まばたき」はいつ、どのように始まったのだろう。

「まばたき」は眼球が一時的にふさがれることで、眼球の保護、保湿、洗浄といった機能を果たす。まばたきはほぼすべての四肢動物に見られるが、現存する肉鰭類（ハイギョ類やシーラカンス類）には見られないことから、水中から陸上への移行期が「まばたきの始まり」ではないかと言われている。なるほど、そう言われてみればたしかに、水族館でクマノミやチョウチョウウオがまばたきしていた覚えはないし、魚屋でサンマやアジの目が閉じていた覚えもない。約三億七五〇〇万年前、水中から陸上への壮大な移行には、多くの解剖学的変化（摂食、運動、感覚、呼吸）が必要だった。まばたきもその一つと言われてはいるが、目の周りの軟組織は化石記録に残らないため、まばたきの進化を調べることは難しい。

Aiello ら[1]はハゼ科のマッドスキッパーに注目した。マッドスキッパーは水陸両性の魚で、干潟で呼吸し、餌を食べ、他個体と社会的なやりとりをして、「まばたき」をする（図）。マッドスキッパーの

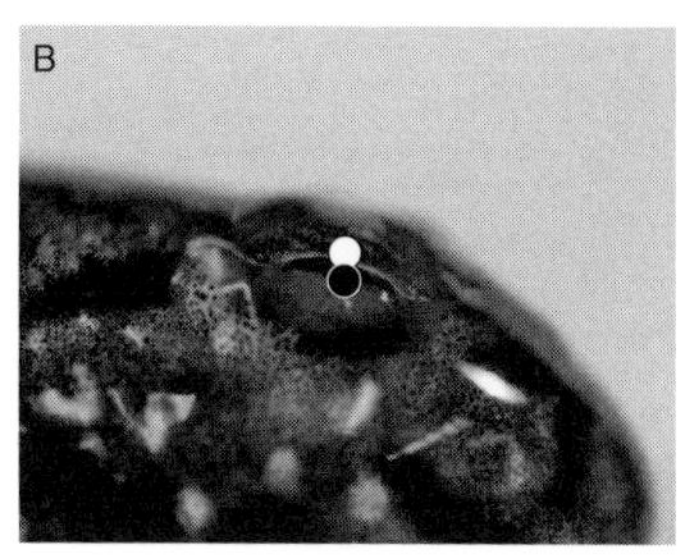


**図　マッドスキッパー（*P. septemradiatus*）のまばたき**[1]

まばたきの運動学的な解析に使用された角膜最上部（○）と真皮最上部（●）

目は頭頂部から突き出ていて、目を腹側に引き込んで行う「まばたき」の持続時間を測定したところ、四八〇〜七〇〇ミリ秒だった。ヒトのまばたきの持続時間五七二±二五ミリ秒とほぼ同じだ[1]（動画——https://www.youtube.com/watch?v=dzZRsz9IWXw）。

Aiello[1]らはマイクロCTと組織学的手法を用いて、マッドスキッパーの二種（*Periophthalmus barbaros* と *Periophthalmodon septemradiatus*）と、同じハゼ科だが完全水棲で「まばたきをしない」ラウンドゴビー（*Neogobius melanostomus*）の眼球周りの構造を比較した。すると、目を引っ込めるのに必要な六つの筋肉をラウンドゴビーも持っていたのだ。マッドスキッパーはまばたきのための新しい筋組織などを進化させてはいなかったのである。

マッドスキッパーのまばたきの「保湿」機能を調べるため、水槽内の空気流を増加させ蒸発速度を約三〇倍にした。するとP. *barbaros* のまばたきの間隔が有意に短くなった。次にマッドスキッパーのまばたきの「洗浄」機能を検証するため、乾燥したブラインシュリンプの卵を*P. barbaros* の目にまぶした。この卵は、マッドスキッパーが遭遇する砂に近いサイズ（直径約二〇〇マイクロメートル）なのだ。一回の試験で約一五個の粒子を眼球に塗布したところ、*P. barbaros* は一回のまばたきで角膜からほぼすべての粒子を除去した。最後にまばたきの「保護」機能を調べた。マッドスキッパーの眼球に軽く触れ、まばたきが生じるまでの時間を調べたところ、二八±七ミリ秒（五個体一八八試行）だった。これはヒトの角膜反射の時間（二五〜四〇ミリ秒）とほぼ同じだ。さらに、この物理的刺激によるまばたきの持続時間は九三±三〇ミリ秒で、内因性のまばたきの持続時間（四八〇〜七〇〇ミリ秒）よりも有意に短かったが、これもヒトと同じだ。マッドスキッパーのまばたきにはヒトと同様の保護・保湿・洗浄機能が揃っていたのである。

完全な水生魚類でも、ギターフィッシュ、ジンベイザメ、フグは目を引き込むタイプのまばたきをするし、一部の軟骨魚類には瞬膜がある。これらのまばたきには水中での物理的な衝撃から目を保護する機能があるので、「まずは水中で目を保護するためにまばたきが始まり、保湿と洗浄機能は地上化した際に誕生した」という仮説を立てることができるが、マッドスキッパーの幼魚は完全に水棲で、変態して水から出るときに目が頭頂部から突き出すことから、「マッドスキッパーのまばたきが始まるのは地上に出てからなので、地上化を機にまばたき（保護・保湿・洗浄機能）が誕生した」という仮説も可能だと Aiello らは言う。どちらなのかはわからないし、マッドスキッパーのまばたきはヒトの祖先のまばたきとは独立して進化したものだけれども、水中から陸上への移行とまばたきとの関係を考えるヒントにはなるだろう。

日本にいるマッドスキッパーと言えば、トビハゼ（*Periophthalmus modestus*）とムツゴロウ（*Boleoph-*

*thalmus pectinirostris*）だ。どちらも引き込み方式のまばたきをする。図のマッドスキッパーの瞳孔は楕円だけれど、ムツゴロウの瞳孔はハート型で、これを書いている今頃（六月）なら、有明海の干潟で求愛ジャンプをしているオスの姿を見ることができる。

### 引用文献

（1）Aiello, B. R. *et al.*（2023）. The origin of blinking in both mudskippers and tetrapods is linked to life on land. *Proceedings of the National Academy of Sciences, 120*(18), e2220404120.

# 「ハンド」の体重

ちょっと前に、Netflixのドラマ「ウェンズデー」を一気見した。奇妙な一家を主人公にした昔懐かしいアメリカのテレビ番組「アダムス・ファミリー」をもとに、アダムス家の長女ウェンズデーが主役になっている。監督のティム・バートンのカラー全開に仕上がって、表題役のジェナ・オルテガも素晴らしかったが、彼女に仕える「ハンド」（原語の英語では"Thing"）という傷だらけの、右手だけのキャラクターの大活躍も素晴らしく愛おしい。今回紹介する実験では右手ではなく左手だが、「そうか、ハンドの体重ってこれくらいなのか……」と思いながら論文を読まずにはいられなかった（図A）。

四肢を失って人工的な義肢を装着する場合、義肢は、実際の手足よりずっと軽量に作られているにもかかわらず、「重い」と感じられるそうだ。自己の身体の重さを、ヒトはどの程度知覚しているのだろうか。Ferrè[1]らはこの問題に取り組んだ。二〇人の参加者に肘かけのついた椅子に座ってもらい、スクリーンで自分の手が見えないようにした。腕を肘かけのクッションで支えて、手をクッションの端から三〇秒間ぶらぶらさせた（図A左）。この状態で自分の手の重さを確認してもらい、その後、手

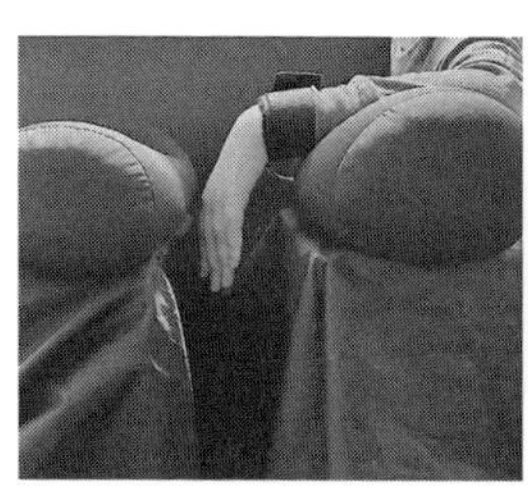
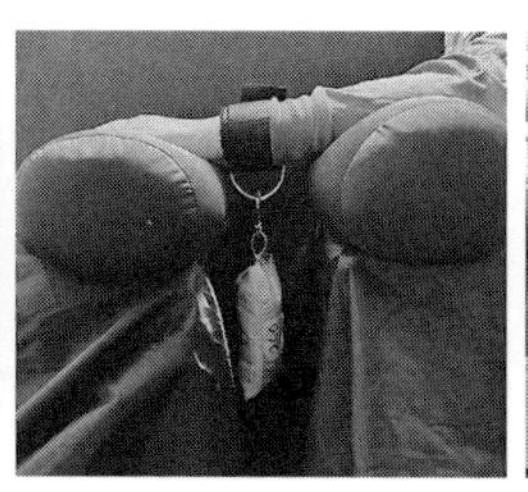

図Ａ　左手の重さ（左）・おもり（中央）の呈示と、手の体積測定（右）（提供：Elisa R. Ferrè）

を別のクッションで支えながら（図Ａ中央）、左腕のリストバンドに様々な重さの米袋（一〇〇〜六〇〇グラムまで一六段階のおもり）を吊り下げた。参加者は手の重さを米袋に置き換えて、おもりをつけるたびに自分の手より重いか軽いかを判断するよう求められた。閾値推定に用いられる、二系列を並行して行う階段法を用い、二〇〇グラムから開始する系列と六〇〇グラムから開始する系列を並行して行った（実験1：図Ｂ）。たとえば、後者の系列では、参加者の答えが「重い」の間はおもりを徐々に軽くしていき、「軽い」になった次の試行でおもりを重くし、「重い」になったら軽くし、を繰り返す。両系列は収束し（図Ｂ）、その推定値は相関し、手の重量推定に高い信頼性のあることが示されたが、驚いたことには、手の重量は大幅に過小評価され、平均して実際の重量のマイナス四九・四パーセントだったのだ。

水泳などの運動後に身体を重く感じることがあるので、実験的に手の疲労を誘発し、手の重さの知覚が変化するかどうかを新たな参加者二〇人で調べた。二五キロに設定した握力トレーニング用のハンドグリップを一秒間握り続けて二秒間休憩する、を二〇〇回（計一〇分間）行い、手の疲労を誘発した。疲労誘発の前後で先ほどと同様の実験を行ったところ、手の重量推定は疲労誘発前で実際の重量のマイナス四三・九パーセント、疲労後でマイナス二八・八パーセントとなった。

ここまでの実験では、手の重さをおもりよりも先に呈示したが、呈示の順序で結果が異なる可能性もあるので、新たな参加者二〇人で呈示順序を試行ごとに変えて行ったところ、手の重さを先に呈示された試行では実際の重量の平均マイナス三五・一パーセント、おもりが先に呈示された試行では平均マイナス三一・八パーセントだった。どちらの場合も手の重さを過小評価した。

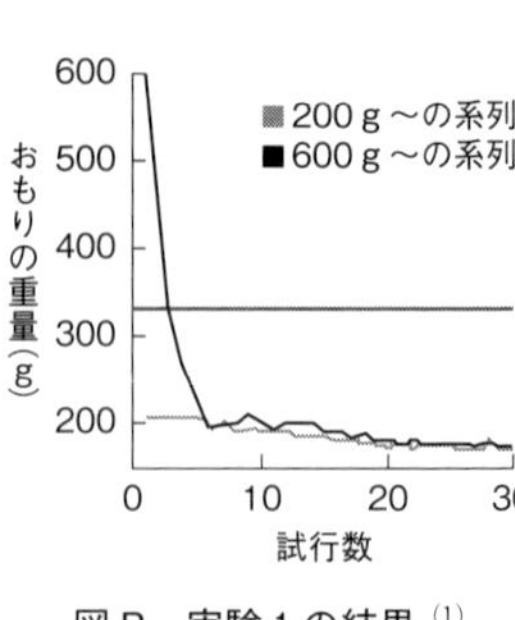


図B　実験1の結果[(1)]

各実験の最後に参加者の実際の手の重さを推定した。アルキメデスの原理を使って参加者の左手の体積を測定し（図A右）、手の密度の推定値、cc当たり一・〇九グラムを用いて参加者の手の重さを算出した（図Bの三二八グラムの横線は実験1での左手の平均推定重量）。

手の重さを過小評価する現象がなぜ起こるのかはまだわかっていないが、身体と自己とを結びつける過程と密接に関連しているのではないかとFerrèらは考えている。手の重さの影響を減少させることで、手に持つ対象の重さへのより正確なアクセスが可能になるのかもしれないし、活動性が上がる可能性もある。また、疲労によって手が重く感じられるのであれば、その感覚は休憩を取る動機づけになるかもしれない。これらが論文で呈示されている可能性だ。しかし「自分の身体の『正確な』重さにアクセスすることの生態学的な妥当性って何だろう？」と考え始めるとよくわからなくなってじっと手を見るが、ハンドは何も答えてくれないのだった。

## 引用文献

（1） Ferrè E. R. *et al.* (2023). Systematic underestimation of human hand weight. *Current Biology*, *33*(*14*), R758-R759. doi: 10.1016/j.cub.2023.05.041

# 耳に草

流行りものに疎い。発達研究という仕事柄、協力していただくお子さんとの話題に欠かせないので、せめて最近のアニメやゲームについての動向は把握しておきたいがなかなか追いつかず、大人社会の流行については言わずもがなで、話題に老若問わず疎くなっている自覚がある。しかしもちろん自分の周囲のローカルな流行り廃りというのは常にあって、子どもの頃「ウルトラマン」「仮面ライダー」に始まるヒーローものに熱中し、「モンシェリ CoCo」を見たがった妹とテレビの前で揉めたりした。沢田研二も好きでした。最近はご多分に漏れず米津玄師を聴いている。熱が来ては去り、来ては去りで今に至るが、昔の歌を口ずさんでいることに気がついて自分でびっくりすることもある。

ザンビア北西部の Chimfunshi Wildlife Orphanage Trust という保護区で二〇〇七年、ジュリーと名づけられたチンパンジー（メス）が草の端を耳に差し込んで、もう一方の端を外に長く垂らしたままにしているのが観察された（図）。保護区には当時四グループ九四頭のチンパンジーが暮らしていたが、その後、別個体でも同様の行動が観察されるようになった。

この「耳に草」行動が社会的学習によって伝達されたものか検証するために、van Leeuwen[1]らは

二〇一一年二月から二〇一二年二月までの一年間の映像、計七四〇時間（グループ1〜4：それぞれ一八四、二〇一、一五九、一六六時間）を分析した。その結果、「耳に草」はほとんどすべてがジュリーのいるグループ4で観察され、他グループで観察されたのは一回だけだった。グループ4ではチンパンジー一二頭中八頭が「耳に草」を繰り返すようになっていたのだ。さらに、グループ4のジュリー以外の個体が行った耳に草行動の九三・八パーセント（六一／六五回）は、ジュリーの行動と同時に観察された。ジュリーは二〇一三年五月二二日に亡くなったが、その後二〇一三年七月一四日までの二五時間のビデオ映像を分析したところ、二個体が「耳に草」を続けており（それぞれ二回と五回）、論文執筆時点の二〇一四年四月二八日まで確認されている。

図　耳に草を差す行動を始めたジュリー[1]
動画——https://link.springer.com/article/10.1007/s10071-014-0766-8#Sec8

　チンパンジーの四グループはもともと連続した森林に生息していて遺伝的な差異もなかったことから、この行動が特定のグループに偏在したことを、生態学的・遺伝的要因で説明することはできない。ほかの個体の「耳に草」がジュリーの近くで出現していたことからも、社会的に学習された行動模倣として解釈するのが妥当だ。一方で、道具使用のような物理的世界に対する機能的な操作でもなければ、握手のような社会的環境に対する操作でもなさそうだということだった。

耳の草はアクセサリーなんだろうか、とか、そもそも道具使用とは何か、と考え研究を展開していくことももちろん必要だが（それを可能にするだけの膨大な知見を、特にジェーン・グドール以降現在に至るまでの自然科学は蓄積してきたのだ）、こういう「機能の外側」にあるのかもしれない行動を、そこに機能を見出そうと目を凝らすのではなくて、立ち止まってただ眺め考えるのも楽しい。

庭の草を一本抜いて自分の耳に差してみたら、差すときにかなりくすぐったい。風に揺れるのもこそこそする。こういう感覚的なフィードバックがチンパンジーにとっても「耳に草」の動機になるのかも、とちょっと思ったが実際のところはわからない。草を取りに行くときに「二人分取ってこようか？」と夫に声をかけたら、「いや、差してるのを見ておもしろそうだったら自分で取ってくるから、いらない。文化伝播というのはそういうもんだろう」と、ひどく真っ当なことを言われた（後で差してました）。

耳に草行動はその後どうなったのだろうと気になって van Leeuwen さんにメールで質問してみたら、返事をいただいた。ジュリーと親しかった個体が今も行動を続けているらしい。ほかの集団でもときどきある、ということだった。ザンビアの森の中で、もしかしたら「機能の外側」にあるかもしれない行動が一五年以上、最初に始めたジュリーがこの世にいなくなった後でさえもチンパンジーの間で静かに続いている、というのは何か感動的だ。

引用文献

（1） van Leeuwen E. J. C. *et al.* (2014). A group-specific arbitrary tradition in chimpanzees (*Pan troglodytes*). *Animal Cognition*, *17*, 1421-1425.

# 恐竜と見つめ合いたい（かどうかは別にして）

古い話で恐縮だが、映画「ジュラシック・パーク」（スティーヴン・スピルバーグ監督、一九九三年）で恐竜の初登場シーンに感動したのを、今でも何かの拍子に思い出す。招かれた研究者たちがパーク内をジープで案内されていると、不意にブラキオサウルスが歩いているのに遭遇する場面である。クローン技術で恐竜たちをよみがえらせた大富豪ハモンドは、啞然とする研究者たちを見て満足そうに“Welcome, to Jurassic Park!”とほほえむ。封切り当時、大学院生だったうちの夫は、研究所の仲間と団体で観に行って、このシーンで拍手してしまったそうだ。大富豪ハモンドはリチャード・アッテンボローが演じていた。

二〇二二年に始まったBBCの「Prehistoric Planet」（太古の地球から よみがえる恐竜たち）シリーズも素晴らしくて、最新の研究知見に基づいた恐竜が最新CGIで描かれる画面は、野生動物ドキュメンタリーを見ているようだ。さらにナレーションは（動物番組と言えばおなじみ）デイビッド・アッテンボロー。リチャードの弟だ。「BBCの本気」を感じる。

「そうすべきかどうか」はあくまで別問題として、本当に恐竜をよみがえらせることができたら、

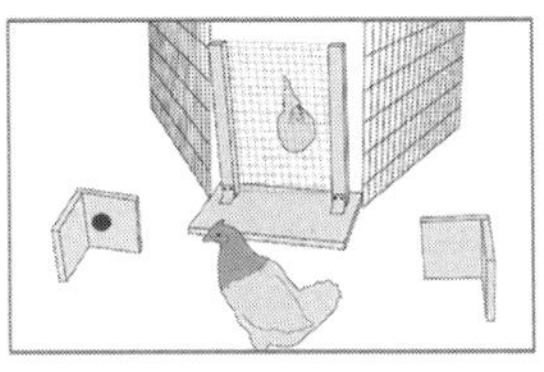
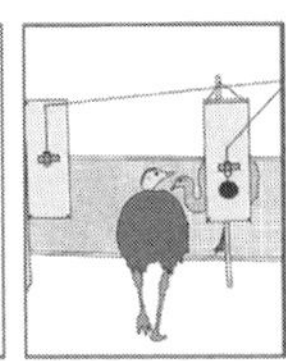

図　視線追従行動（上）と視覚的視点取得行動（下）の実験方法[1]
左からアメリカアリゲーター、小型の鳥（セキショクヤケイとカンムリシギダチョウ）、大型の鳥（エミューとアメリカレア）、各図の手前がモデル個体で奥が観察個体

恐竜の行動を直接観察したり実験したりできるかもしれないが、今のところそれは無理な話だ。彼らの行動を示す直接の痕跡である行跡（足跡や尻尾の跡など）や巣の痕跡が研究されてきたが、近年は、最新の系統分類をベースに、現生生物の種間比較を通して恐竜の行動にアプローチしようとする潮流があるようだ。

視覚的視点取得とは「自分からは見えていないが他個体には見えている対象の存在を、視覚的手がかりに基づいて認識すること」をいう。視線や顔、体の向きなど、他個体の注意を利用して自身の環境認知の範囲を拡大するだけでなく、他個体（他者）理解やコミュニケーションの基盤としても重要な認知機能だ。一九七〇年代からヒト乳幼児や類人猿を主な対象として精力的な研究が行われ、イヌやカラスについても知見が拡張されてきたものの、その進化プロセスや起源はまだ謎のままだ。

恐竜には視点取得能力があったのだろうか。Zeiträg

ら[1]は、現生の鳥類四種（古顎類三種：エミュー（*Dromaius novaehollandiae*）、アメリカレア（*Rhea americana*）、カンムリシギダチョウ（*Eudromia elegans*）と新顎類一種：セキショクヤケイ（*Gallus gallus*））と偽鰐類一種（アメリカアリゲーター（*Alligator mississippiensis*））の計五種を対象とした行動実験によってこの謎に迫った。鳥類は恐竜類に含まれるが、偽鰐類は恐竜類とは二億年以上前に分岐している。しかし、より大きな分類では、どちらも主竜類の生物だ。

実験では、同一種が二個体、モデル個体と観察個体として向かい合った状況で、モデル個体に刺激が呈示され、モデル個体と対面している観察個体の反応が記録された。鳥類四種は赤色のレーザーポインタを壁面に照射してモデル個体の注意を誘導したが、アリゲーターはポインタの照射に反応しなかったので、青いボールを見るように事前に訓練した個体をモデル個体とした。モデル個体が見た方向に観察個体が視線を向けるのを「視線追従行動」と呼ぶ（図上）が、この実験では「モデル個体が見ている場所が観察個体には見えない条件（図下）」も設定されている。モデル個体の視線の先をのぞき込むのに体を動かして位置を変える反応は「視覚的視点取得」（幾何学的視線追従）と呼ぶ。

観察個体の反応を調べたところ、モデルが見た先をさえぎる壁のない条件（図上）では、視線追従行動は五種すべてで観察された。一方、壁がある条件で視覚的視点取得行動が観察されたのは、鳥類四種のみ（古顎類、新顎類どちらも）だった。アリゲーターは視覚的視点取得行動を示さなかったのだ。さらに鳥類は、位置を変えてモデル個体の見た場所をのぞいた上で、再びモデル個体を振り返っていた。この「振り向き確認」行動は、他個体の視線が持つ志向性への期待を示す重要な指標と見なすことができる。

　鳥類で観察された一方でアリゲーターに観察されなかった結果を系統関係に当てはめると、視覚的視点取得行動は、偽鰐類と恐竜類とが分岐した後になって出現した可能性があることになる。鳥類につながる系統の恐竜にその起源を求めるとすれば、視点取得行動は哺乳類のそれよりも六〇〇〇万年も前に出現した可能性すらあるのだ。そうすると、哺乳類の系統における起源は収斂的なものなのかもしれない、とZeiträg ら[1]は述べている。

　「巨大で強いけれども、洗練された知性を備えているとは言えない」という恐竜観は初期の「ジュラシック・パーク」時点でもまだ強かったが、その後のシリーズでは少しずつ変化してきた。集団で狩りを行い、卵や子どもを集団で保護していたことが明らかになってきた恐竜たちが、他個体の視線を追い、もしかしたら他個体の視点に立って世界を認識していたかもしれないというのは、現生生物の社会性を踏まえて冷静に考えればそれはそうかもしれないが、種間比較を通して恐竜を見つめることで、恐竜の視線コミュニケーションの謎に迫ることができるというのは、やはりすごいことだという気がして、脳内にはジョン・ウィリアムスのあの曲が流れてしまうのである。

### 引用文献

（1）Zeiträg, C. *et al.* (2023). Gaze following in Archosauria-Alligators and palaeognath birds suggest dinosaur origin of visual perspective taking. *Science Advances, 9(20)*, eadf0405. doi: 10.1126/sciadv.adf040

# 子育て飴と子育て肌

歌舞伎の女形演目の最高峰に指折られる、傾城「阿古屋」の墓と伝わる石塔が、京都の六波羅蜜寺にある。かつて雨ざらしだったのが、現在は、坂東玉三郎丈が寄進した覆い屋に護られているこの石塔は、中世石造美術の名品としても名高く、歌舞伎好きと古いもの好きが嵩じて見物に行った。お参りをして、ああ、いい塔だったと門を出たところに「幽霊子育飴」という看板を掲げたお店があった。看板の通り、飴を商っている。土葬されたお墓の中で赤ん坊を産んだ女の幽霊が毎夜飴を買いに来て赤ん坊を養ったという切ない話は京都だけでもいくつか伝わるが、このお店は室町時代から続いているそうで、お店の女性が「私で二〇代目です」とおっしゃるのでびっくりした。

現生の両生類には、カエルなどの無尾目、サンショウウオやイモリが入る有尾目の他に、アシナシイモリの無足目がある。アシナシイモリは世界中の熱帯・亜熱帯地域を中心に分布し、ほぼ一生を地中や浅瀬で過ごす。卵生の種と胎生の種がいて、胎生アシナシイモリの胎児は特殊な乳歯を持っており、母体の卵管の肥大した内壁から脂質の多い分泌物や細胞物質を掻き出して食べると考えられている。対照的に、卵生アシナシイモリでは、卵黄のみを子に供給する以外の親の投資は、孵化後一定期間の保護に限られると考えられていた。

しかし、こういうことに気がつく観察眼にはほとほと感心するが、「それにしては卵黄が小さいな……」と考える研究者もいたようだ。Wilkinsonら[1]は、卵生アシナシイモリ(*Siphonops annulatus*)の孵化後すぐの幼体の歯の形態が、同種の成体の歯よりも、(卵管の内壁を摂食する)胎生アシナシイモリの胎児の歯に似ていることに気づいた。さらに野外観察の結果、母親の体色が、他の成体よりも淡くなることがわかった。孵化後の幼体は母親の皮膚から何かを摂食しており、歯の形態は摂食への適応的な形態なのではないか。

図　母親の皮膚を剥がして食べる卵生アシナシイモリの子[2]

そこでケニア南東部でアシナシイモリ(*Boulengerula taitanus*)の母親二一匹とその幼体を地中の巣から採集し、飼育下で観察したところ、幼体は母親の体上を動き回り、頭を母親に押しつけながら口の開閉を繰り返し、母親の表皮を持ち上げて掻把し摂食していることが確認された[2](図)。母親の世話を受けた一週間で、幼体の全長は一日ごとに約一ミリ伸び、同期間中の母親の体重は約一四パーセント減少していた。母親の表皮を調べたところ、妊娠中のメスの表皮は非妊娠中のメスより約二倍も厚く、それは上皮細胞の数が増えるというよりは、上皮細胞が脂質で満たされ、伸びた結果だった。まるで哺乳類の乳のように、皮膚が脂質に富んだ栄養分を供給するように変化していたのだ。

栄養だけではなかった。たとえばヒトでは、母親の乳や皮膚などを介して母子間でマイクロバイオーム（ＭＢ：微生物叢環境）が継承される。母親の皮膚を食する卵生アシナシイモリでも、母親の皮膚から栄養とともにＭＢが継承されている可能性がありそうだと考え、(3) カメルーン南東部の土壌から *Herpele squalostoma* の成体オス六匹、メス九匹（うち三匹は母親）、幼体一四匹を採集し、その皮膚と腸のＭＢ（16S rRNA 配列を使用）、さらに環境サンプル（葉・水・土壌）のＭＢを解析した。幼体のＭＢは環境や母親以外のＭＢとはほとんど一致せず、それぞれの母親とは最大で二〇パーセント一致していた。両生類が世代を超えてＭＢを受け継いでいることを示す初めての事例だ。

「血筋」ということばには因習めいた響きがあってちょっと複雑な気分にもなるが、今は亡き友人で漫画家のまついなつきさんが、「バンバン出てるときの母乳は血の匂いがする」と言っていたことがある。乳母であったり「もらい乳」であったりも含めて、そういう「血筋」というか「乳筋」と言えるものもあるのかもしれない。遺伝情報だけでなく、知識、身体技能、（是否は別にして）社会的ネットワーク、そしてＭＢと、世代間で様々な情報が伝承される上に、伝承の仕方もいろいろあるようだ。

それにしても「幽霊子育飴」のお店のように、その伝承が二〇代続いているという歴史を目の当たりにすると、やっぱり改めてびっくりする。考えてみれば生命の歴史というのはそういうものだ、と思い直すとそれもそれでびっくりするのである。

## 引用文献

（1） Wilkinson, M., & Nussbaum, R. A. (1998). Caecilian viviparity and amniote origins. *Journal of Natural History, 32*, 1403–1409.

（2） Kupfer, A. *et al.* (2006). Parental investment by skin feeding in a caecilian amphibian. *Nature, 440*, 926–929.

（3） Kouete, M. T. *et al.* (2023). Parental care contributes to vertical transmission of microbes in a skin-feeding and direct-developing caecilian. *Animal Microbiome, 5*, 28.

# 解説

細馬宏通

いまから数十年ほど前、まだわたしが人間以外の動物を観察する大学院生だった頃、師であった日高敏隆先生が、「知ってる?」と、ちょっとほくそ笑みながら話しかけてこられることがよくあった。「この前のネイチャーに載ってた話知ってる?」。それは、最新の科学的知見に常に目を配ることを院生に教えるための教育的配慮、というよりは、誰かの噂ばなしでもするような調子で、「これがケッサクでさ」と話は続いて、論文で明らかにされたある動物の奇妙なふるまいやら、人間とはまるで違う環世界のあり方を愉しそうに語られる。先生にかかると、学術雑誌はまるで『ファーブル昆虫記』のようだった。

『ハリモグラの鼻ちょうちん』の小林洋美さんの愉しげな語り口を読んで、久しぶりに先生の話しぶりを思い出した。

わたしが洋美さんに初めて会ったのは、日高先生が初代会長を務めた動物行動学会だった。当時まだ大学院生だった洋美さんは、霊長類の眼を比較して、ヒトの白目部分が他の霊長類よりもずっと広いことに気づき、白目部分の広さによって黒目の位置の違いが認識しやすくなり視線コミュニケーシヨンに違いが出るのではないかという、それまで誰も思いつかなかった研究を発表した。着眼点がユニークで論考がすこぶるおもしろい。発表ポスターの前に集まった研究者たちは口々に絶賛した。そのときの発表内容はのちに、一九九七年の雑誌『ネイチャー』に掲載され、動物の視覚を扱う本には必ずといっていいほど引用されている。

視線研究からスタートした洋美さんの興味は、もちろん、動物の視覚研究や近年の研究テーマである発達研究にも向けられているけれど、本書を読めばわかるように、その興味は聴覚、触覚、嗅覚、味覚とさまざまな感覚現象にわたり、睡眠、体温調節、指パッチン、はては三万一千年前の外科手術の話にまで及ぶ。

こんな風に学問を愉しむ態度を、すべての研究者が持っているわけではない。むしろ、多くの研究者は、もっぱら自分の研究成果を論文にしようとするあまり、狭い分野の議論に囚われているのではないか。

かつて、研究者は多くの時間を図書館で過ごしたものだ。まず新刊コーナーに行き、書架から最新の学術雑誌を一冊手に取り、ぱらぱらとめくる。意識するしないにかかわらず、自分とはまるで関わりのない分野の論文も目に入る。ちょっと好奇心がわいて要旨を読み、図版を見るうちに、つい引き込まれて本文も読んでしまい、などとやっているうちにみるみる時間が経つ。おかげでなかなか研究が進まないのだが、そのかわりに、自分の関心に思いがけない広がりがあることが分かって、ときには机の前で小躍りするような気分になった。

二一世紀になり、ほとんどの学術雑誌が電子版を提供するようになって、論文の読み方はすっかり変わった。

何かおもしろいアイディアを思いついたら、書架に向かう代わりにパソコンに向かう。ネットで検索すると、雑誌という単位自体が消え失せる。さまざまな掲載雑誌から取り出された論文が、関連度の高さや引用数の高さでずらずらと並ぶ。世界は広い。ちょっと活気のあるテーマならあっという間に数十、いや数百本の論文が見つかる。わざわざ雑誌本体を開かずとも、個々のＰＤＦをダウンロードすればよい。タイトルと要旨を読み、論文整理を支援するソフト上でおおよそ振り分けてから、一本ずつ検分していく。これなら余計な寄り道をせずに、目指す論文を効率的に読むことができる。しかし効率的とは味気ないものだ。ああ、このアイディアはもう誰かが考えついていた、この方法はすでに試されていた、この仮説は見込みがなさそうだ、などとやっているうちに、最初の輝きはみるみる失せていき、さて自分はこの上何を言えばよいかと痩せ細ったアイディアを思案する……というのが、近年多くの研究者が経験する、論文との悲喜こもごものつきあい方ではないだろうか。

じつはわたしもまた、このような論文の読み方にいささか疲労感を覚えている者の一人なのだが、洋美さんのまっすぐな好奇心に導かれていくと、学問本来の持っていた愉しさが再び色づいてくるようだ。

たとえば冒頭の「丸い目・細い目」。わたしは長年、気性の落ち着かないネコを一匹飼っていたのだが、どうすれば落ち着いてくれるだろうかと試行錯誤するうちに、目を見ながらこちらが目を細めていくと、ネコもまた目を細めて、おとなしくなったりそのままその場で眠るようになることに気づいた。街中でネコを見かけたときも、すぐに近づかずに、互いに目を細めあうとだんだん近づくことができる。これはいいと、一人悦に入っていたのだったのだが、そこまでだった。ところが、「丸い目・細い目」を読むと、驚いたことにちゃんとそれがどういうことかを調べている研究者がいる。そうだ、動物の行動に関心を寄せる者なら、一歩進んで、本当に目を細めることに効果はあるのか、あるとしたらそこにはどんな意味があるのかを考えてみればよかったじゃないか。これは一本とられた。こんな風に、本書で洋美さんの取り上げる研究の数々には、身近な疑問から湧き起こるアイディアをすぐに実行に移してみる軽やかさがある。

そもそも、学術雑誌のすべてが、はじめから現在のように研究者たちがしのぎを削る論文集だったわけではない。科学雑誌の代表格である『ネイチャー』の場合、創刊された一九世紀末から二〇世紀初頭にかけての目玉は書評で、次に大きな位置を占めていたのが「編集者への手紙」、すなわち投書欄だった。研究者に限らず、街の科学好きからの投稿も多く、どの投書が掲載されるかは編集者の判断に委ねられていた。

日本の博物学の先駆者、南方熊楠は、『ネイチャー』に「論文」を投稿したことでも有名だけれど、じつはそれは「編集者への手紙」だった。当時、『ネイチャー』の編集長だったのは、ジョゼフ・ノーマン・ロッキャーで、彼は天文物理学の権威であると同時に天文学の歴史にも興味を持っており、詩人のアルフレッド・テニソンとも親交が深かった。一方、熊楠は以前から『ネイチャー』を愛読していたから、ロッキャーが天文学についての幅広い関心を持っていることを誌面を通じて知っていたはずだ。熊楠は、「編集者への手紙」欄に寄せられた星座に関する質問に答える形で、古代中国やインドの星座の名前の由来を考える「極東の星座」を投稿したのだが、これが見事にロッキャーの興味を引き、当時としては異例な長文が掲載されたのだった。

二〇世紀半ばになると、「編集者への手紙」欄には、研究者から多くの科学論文が寄せられるようになり、書評欄に代わって、投稿欄が『ネイチャー』の主要な内容になり、その後、研究者による投稿論文は「アーティクルズ（論文）」欄として独立したけれど、手紙欄は継続され、そこには「編集者は投稿者の意見に対して責任を負わない」の文言が一九五八年まで記され続けた。一九六〇年代になると、論文の質を高めるために研究者どうしによる査読体制が取られるようになったけれど、それでも、『ネイチャー』誌は長らく、他の学術雑誌よりも博物学的な雰囲気を保ち続けていた。それは、この雑誌がもともと、世界のあらゆる場所にいる科学好きのための投稿雑誌であったこと、そして編集者が彼らの「手紙」を愉しんで読み、その愉しみを誌面作りに反映してきたことと無関係ではなかっただろう。

洋美さんは、研究の内容そのものだけでなくその研究の生まれた経緯を明らかにすべく、原著論文だけでなくさまざまな雑誌から背景を読み込み、ときには直に研究者とやりとりして、エピソードをきいたり図版を取り寄せている。そのせいだろう、扱われている話題は科学の最前線のものであるにもかかわらず、この本は博物学的な面白さに満ちている。洋美さんは、現代の科学論文をあたかも

「手紙」のように読み直し、一方通行ではない研究者どうしのやりとりを吹き込み、博物学の愉しみを復権させているのである。

（ほそま・ひろみち　早稲田大学文学学術院教授）

**著者紹介**

1963年　千住生まれ
1997年　東京工業大学大学院生命理工学研究科博士後期課程修了
博士（理学）
現　在　九州大学大学院人間環境学研究院学術協力研究員
主　著：『飛ばないトカゲ』（東京大学出版会，2022年），『モアイの白目』（東京大学出版会，2019年），『読む目・読まれる目』（分担執筆，東京大学出版会，2005年），"Primate Origins of Human Cognition and Behavior"（分担執筆，Springer Japan，2001年）

ハリモグラの鼻ちょうちん
——探検しよう！　サイエンスの「森」を

2024年4月5日　初　版

［検印廃止］

著　者　小林洋美（こばやしひろみ）

発行所　一般財団法人　東京大学出版会
代表者　吉見俊哉
153-0041 東京都目黒区駒場4-5-29
https://www.utp.or.jp/
電話　03-6407-1069　Fax 03-6407-1991
振替　00160-6-59964

組　版　有限会社プログレス
印刷所　株式会社ヒライ
製本所　牧製本印刷株式会社


ISBN 978-4-13-013317-3　Printed in Japan